新型职业农民培训通用教材

农业企业经营与管理

葛文光 董谦 主编

中国农业科学技术出版社

图书在版编目（CIP）数据

农业企业经营与管理／葛文光，董谦主编．—北京：中国农业科学技术出版社，2013.7

ISBN 978－7－5116－1315－8

Ⅰ．①农… Ⅱ．①葛… ②董… Ⅲ．①农业企业管理－企业经营管理 Ⅳ．①F306

中国版本图书馆 CIP 数据核字（2013）第 139436 号

责任编辑 张孝安 白姗姗
责任校对 贾晓红

出 版 者 中国农业科学技术出版社
北京市中关村南大街 12 号 邮编：100081
电　　话 （010）82109708（编辑室） （010）82109704（发行部）
（010）82109709（读者服务部）
传　　真 （010）82109708
网　　址 http://www.castp.cn
经 销 者 各地新华书店
印 刷 者 北京富泰印刷有限责任公司
开　　本 710 mm×1 000 mm 1/16
印　　张 9.5
字　　数 176 千字
版　　次 2013 年 7 月第 1 版 2014 年 6 月第 2 次印刷
定　　价 20.00 元

《农业企业经营与管理》

编 委 会

主　编　葛文光（河北农业大学）

　　　　　董　谦（河北农业大学）

副主编　赵卫红　王　洁　赵宪军　刘超良

前　言

解决“三农”问题，促进农民增收、农业增效、农村发展的突破口和切入点是加快现代农业企业的发展。入世后我国农业经济发展面临更加激烈的国际市场竞争压力，多数农业企业由于缺乏现代企业经营管理知识，导致竞争水平较低。而与之紧密联系的且作为我国农业生产经营主体的农民，普遍存在经营规模偏小、素质不高、经营管理方式落后等现实问题。因此，编写此书，有利于更好的普及现代企业经营管理理论知识，有利于提高新型职业农民以及家庭农场、专业大户、农民专业合作社等新型农业经营主体的生产技能和经营管理水平，进而促进我国现代农业企业的发展。

全书共分为八个部分，分别介绍了农业企业经营管理的基本知识、农业企业经营战略、农业企业如何进行产品与投资决策、农业企业如何进行要素管理、农业企业如何进行产品安全管理、农业企业如何进行营销管理、农业企业如何避免风险和农业企业如何进行效益评价。其中，第一、第八部分由河北农业大学葛文光老师编写，第二、第五部分由河北农业大学董谦老师编写，第三、第四部分由河北农业大学赵卫红老师编写，第六、第七部分由河北农业大学王洁老师编写。

本书写作中力求内容实用、语言简单、针对性强，方便农民朋友学习和掌握。编写内容基本涵盖了现代农业企业经营与管理的主要业务知识，揭示了现代农业企业经营与管理的一般规律性问题，同时，也吸收和增加了诸如食品安全等现实问题较强的知识，并配以案例分析，增强了本书的可读性和教育性。

本书在编写过程中，参阅了国内近几年出版的相关教材中的一些研究成果，也参考了一些相关的期刊论文和网络文章，在此对这些作品的编著者表示衷心感谢。

鉴于编著者的水平，书中难免存在不妥之处，恳切希望读者们批评指正。

编者

2013. 3. 1 于保定

目　　录

第一章

农业企业经营管理基本知识

一、什么叫农业企业

（一）农业企业的概念和特征

1. 农业企业的概念

农业企业是随着商品经济的发展以及农业产业链的不断延伸而逐步发展起来的一种企业组织形态。凡是直接从事农业商品性生产以及与农产品生产经营直接相关的活动的营利性及互助性的经济组织，都属于农业企业的范畴。这里的农产品包括种植业、林业、畜牧业、渔业生产过程所产出的产品，是广义农产品的概念。

2. 农业企业的特征

农业企业具备企业的一般属性，例如，独立核算、自主经营、自担风险、自负盈亏，同时，又具有如下特征。

（1）农业企业的经营对象是农产品，其最终产品可以是初级农产品，也可以是以初级农产品为原料生产的初加工或部分深加工产品。

（2）农业企业风险更大。不仅随时面临市场风险，而且受自然条件的限制，自然风险突出。

（3）农业企业一般地处农村，生产条件差，工作环境艰苦，吸纳人才的能力差。

（4）农业企业很难获得超额利润。由于农业企业的成本高，再加上市场与自然双重风险，经济效益带有明显的不确定性，因此，利润水平一般较低。

（二）农业企业有哪些类型

1. 按行业不同划分

将农业企业分为种植业（及其产品加工品）企业、林业（及其产品加工品）企业、畜牧业（及其产品加工品）企业、渔业（及其产品加工品）企业。

2. 按经济形式不同划分

（1）独资企业。是指企业完全由一个人所有和控制。这是农业企业中最常见的一种形式，也是最容易组建的组织形式。

（2）合伙企业。是指企业由合伙人所有和控制，其形式包括两种：普通合伙企业和有限合伙企业。普通合伙企业由普通合伙人组成，合伙人对合伙企业债务承担无限连带责任。有限合伙企业由普通合伙人和有限合伙人组成，普通合伙人对合伙企业债务承担无限连带责任，有限合伙人以其认缴的出资额为限对合伙企业债务承担责任。由于合伙企业组建门槛低，如普通合伙企业有两个以上合伙人，有限合伙企业有两个以上 50 个以下合伙人，具有一定的出资（没有出资多少的要求）、名称和生产场所，即可以组建合伙企业，因此，合伙企业是农业企业中较为常见的形式之一。

（3）农民专业合作社。所谓农民专业合作社是指在农村家庭承包经营基础上，同类农产品的生产经营者或者同类农业生产经营服务的提供者、利用者，自愿联合、民主管理的互助性经济组织。合作社是一种使用者拥有、使用者控制的企业形式。在我国农村家庭承包经营的背景下，农民势单力薄，有合作的需求和愿望，尤其是 2007 年 7 月 1 日《中华人民共和国农民专业合作社法》的施行，推进了农民专业合作社的发展。因此，农民专业合作社成为目前农村比较普遍的一种农业企业形式。

（4）有限责任公司。有限责任公司是现代企业组织形式之一，有独立的法人财产，享有法人财产权。公司以其全部财产对公司的债务承担责任，股东以其认缴的出资额为限对公司承担责任。设立有限责任公司有人数和注册资本的要求，非一人有限责任公司要求 50 人以下，注册资本最低限额为 3 万元人民币，一人有限责任公司的注册资本最低限额为人民币 10 万元。随着市场经济的不断深入，现代企业制度的理念不断形成，有限责任公司形式正逐渐成为农业企业的主要形式之一。

（5）股份有限公司。股份有限公司也是现代企业组织形式之一，有独立的法人财产，享有法人财产权。公司以其全部财产对公司的债务承担责任，股东以其认购的股份为限对公司承担责任。设立股份有限公司有发起人和注册资本的要求。发起人应当有两人以上 200 人以下，且其中须有半数以上的发起人在中国境内有住所，其注册资本的最低限额为人民币 500 万元。近年来，一些社会资本倾向农业行业，并从工商行业转向农业行业，具有一定实力的农业企业逐渐发展成为股份有限公司，使股份有限公司也成为农业企业中的一种形式。

二、什么叫农业企业经营管理

（一）什么叫经营管理

所谓经营管理就是要解决生产经营什么、生产经营多少、如何生产经营和为谁生产经营等问题，以达到提高生产经营效果的目标。

“经营管理”包括“经营”和“管理”两个方面。所谓经营，是指在一定条件下，为实现企业目标，对企业各种经营要素和供、产、销环节进行合理地分配和组合，并以获得经济效益为目的的全部经济活动过程。所谓管理，是指管理者为了达到一定的经营目标，对管理对象进行计划、组织、指挥、协调、控制等一系列活动的总称。在企业中因管理对象的不同，划分为劳动管理、设备管理、资金管理、成本管理等。

（二）什么叫农业企业经营管理

农业企业作为一个经济组织，遵循企业经营管理的一般规律。所谓农业企业经营管理，是指对农业企业整个生产经营活动进行决策、计划、组织、控制、协调，并对企业成员进行激励，以实现其任务和目标的一系列工作的总称。

农业企业管理属于行业经营管理，它是以单个农业企业的经济活动为考察对象，研究农业微观组织经营活动的规律。其目的是合理地组织企业内外生产要素，促使供、产、销各个环节相互衔接，以尽可能少的劳动和物质消耗，生产出更多的符合社会需要的产品，实现农业企业的利润。

（三）农业企业经营管理的主要内容

农业企业经营管理主要包括以下主要内容。

（1）合理确定农业企业的经营形式和管理体制，设置管理机构，配备管理人员。

（2）搞好市场调查，掌握经济信息，进行经营预测和经营决策，确定经营方针、经营目标和生产结构。

（3）编制经营计划，签订经济合同。

（4）建立、健全经济责任制和各种管理制度。

（5）搞好劳动力资源的利用和管理。

（6）重视土地等自然资源的开发、利用与管理。

（7）搞好机器设备管理、物资管理、生产管理、技术管理和质量管理。

（8）做好产品营销管理。

(9) 加强财务管理和成本管理。

(10) 全面评价企业生产经营效益，搞好企业经营诊断等。

三、我国农业经营的主要形式

(一) 统分结合的双层经营

所谓统分结合的双层经营，是指在我国农村家庭承包经营的背景下产生的，家庭分散经营与集体统一经营相结合的经营形式。在这种经营形式中，包括两个层次：家庭的分散经营和集体的统一经营。因此，将其称为统分结合的双层经营。

20世纪80年代初，在我国绝大多数的农村实行了家庭联产承包责任制，其主要表现就是土地发包给农户，由农户自主经营，农户按合同完成承包任务，剩余收益归农户自己所有，即所说的“交够国家的，留足集体的，剩下的就是自己的”。随着我国农村税费改革的落实和深化，从2006年开始，全面取消了农业税、农业特产税等专门针对农民征税的税款，同时，也取消了“三提五统费”等向农民的收费项目，农民承包土地实际上已经成为农民耕种土地，所得收益全部归农户所有。

在农户家庭分散经营的同时，一些不适宜家庭经营或家庭经营不合算的项目，例如，农田水利设施的建设、农业植保的统防统治、农产品的标准化生产、农业机械化作业、农业信息的提供等，已开始发挥集体经济组织的功能，实行集体统一经营。从各地农村发展的实际来看，凡是统一经营搞得好的村庄，农户土地经营效果好，农民收入水平高，农村经济繁荣。

(二) 承包经营

这里所说的承包经营是指家庭承包经营之外的，资源所有权人将其经营权在一定时间内让予使用者，并由使用者按照承包合同完成一定的责任或经济指标的经营形式。

在我国，无论是集体经济组织还是国有农场（牧场、渔场、林场）都有一定的耕地、草地、林地、养殖水面等生产资源，为了提高经营的效率，往往采取招标、拍卖等形式，将其承包给具有一定经营能力的单位或个人进行经营。双方主体（发包方和承包方）通过签订承包合同的方式，约定权利和义务。一般而言，发包方有如下义务：①在合理、合法范围内，不得干涉承包方的生产经营自主权；②为承包方提供尽可能的生产服务。承包方的义务包括：①合理使用承包的资源，不破坏资源，保证资源的完好性；②完成合同规定的承包任务；③不生产法律禁止生产的产品。

（三）租赁经营

在农业生产经营过程中，经营者出于扩大经营规模的需要，往往需要从资源所有者或使用者的手中出租一定数量的资源，并通过出租者与承租者签订租赁合同的方式，由承租方支付给出租方租金的一种经营方式，就是租赁经营。实际操作过程中，通过租赁耕地、草地、林地、水面的形式进行扩大经营的现象非常普遍。例如，现在的一些家庭农场、农业合作社、农业公司等，一般通过租赁的方式取得土地等资源，扩大经营规模，实现规模效应。

（四）联合经营

在农业经营过程中，不同主体掌握的资源状况不同，各自的优势不同，为了经营的需要，有必要将各个主体的资源进行整合，发挥各自所长，这时就出现了联合经营的形式。其特点是：参加经营的主体依然保持原有的独立经营的地位，不改变各自所有制性质，按平等、自愿、互利的原则进行联合。实践中，联合的形式有生产联合、产销联合、购销联合、生产科技联合等，联合的方式有紧密联合和松散联合。例如，从20世纪90年代中期开始在我国农业经营中出现的农业产业化经营形式，大多采用联合经营的方式，形成产供销、贸工农、农科教相互结合的一体化经营，从而实现农业提质增效，各参与主体实现超出各自独立经营所获得的收益。在联合经营中，最关键的是要解决好利益分配机制的问题，使每个参与主体都获得适当的收益，这样才能使联合经营得以持续。

（五）股份合作经营

股份合作经营是指以合作制为基础，由两个以上的自然人或团体成员以资金、实物、技术等出资入股，实行自主经营、自负盈亏、共同劳动、民主管理、按劳分配与按股分红相结合的一种经营形式。股份合作经营的本质特点是实行劳动联合与资本联合相结合、按劳分配与按股分红相结合。与一般合作经营不同的是，资本在股份合作以及利益分配中占有比较重要的地位。

在农业生产经营的实践中，由于股份合作经营灵活、便利，因此，逐渐成为农业企业的一种重要的经营形式。

（六）集团化经营

集团化经营是随着企业经营实力的不断提升以及经营规模的不断扩大，为拓展经营范围，进一步扩大经营规模，提高盈利水平，通过实行多元化、多功能、国际化战略而建立起来的一种联合经营方式。集团化经营一般由规模不等的多个法人企业联合组成，实行产业一体化经营。例如，著名的跨国公司泰国正大集团，在我国实行的就是集团化经营，该公司在我国除青海、西藏以外的所有省、市、自治区均建立了成员企业。该公司从农作物种子的销售开始，逐步发展壮大，形成了由种子改良—种植业—饲料业—养殖业—农牧产品加工、食品销售、进出口贸易等组成的完整现代农牧产业链，成为世界现代农牧业产业化经营的典范。

四、什么叫现代企业制度

（一）什么叫现代企业制度

现代企业制度是指以市场经济为基础，以完善的企业法人制度为主体，以有限责任制度为核心，以公司企业为主要形式，以产权清晰、权责明确、政企分开、管理科学为条件的新型企业制度，其主要内容包括：企业法人制度、企业自负盈亏制度、出资者有限责任制度、科学的领导体制与组织管理制度。

（二）现代企业制度的特征

1. 产权清晰

现代企业制度下的企业属于法人组织，具有完全民事行为能力，独立享有民事权利，承担民事责任。设立时有法定资本额的要求，有明确的出资人。出资人依据其出资额占企业资本量的比例享有财产所有权以及盈余分配的索取权，企业拥有企业法人财产权。

2. 权责明确

所谓权责明确，是指合理区分和确定企业所有者、经营者和劳动者各自的权利和责任，做到各享其权、各负其责。具体到现代企业制度下的企业，所有者按其出资额，享有资产受益、重大决策和选择管理者的权利，企业破产时则对企业债务承担相应的有限责任。企业在其存续期间，对由各个投资者投资形成的企业法人财产拥有占有、使用、处置和收益的权利，并以企业全部法人财产对其债务承担责任。经营者受所有者的委托在一定时期和范围内拥有经营企业资产及其他生产要素并获取相应收益的权利。劳动者按照与企业的合约拥有就业和获取相应收益的权利。

3. 政企分开

其基本含义是政府行政管理职能、宏观和行业管理职能与企业经营职能分开。

4. 科学管理

首先，现代企业制度下的企业有一套科学完整的组织机构，通过股东会、董事会、监事会和经理层等公司治理结构的设置和运行，形成调节所有者、法人、经营者和职工之间关系的制衡和约束机制。其次，采用现代企业管理制度，主要涉及企业机构设置、人力资源管理、薪酬制度以及财务会计制度等方面的科学化。要使管理科学，就要学习，创造，引入先进的管理方式，包括国际上先进的管理方式。

五、现代农业企业的经营理念

（一）实行现代企业制度

如上所述，按照现代企业制度运行，能够优化配置土地、资本、劳动力等生产要素，产权清晰，责权明确，采用科学管理，履行有限责任，因此，这种制度是今后企业的发展方向。随着我国农业向现代农业的转型，农业企业采用现代企业制度也将成为必然趋势。

（二）遵循可持续发展的理念

所谓可持续发展，是指既满足现代人的需求，又不损害后代人满足需求的能力。具体而言，就是指经济、社会、资源和环境保护要协调发展，既要达到发展经济的目的，又要保护好人类赖以生存的大气、水、土地和森林等自然资源和环境，使子孙后代能够永续发展和安居乐业。过去以及目前的一些农业经营行为，采用掠夺式、粗放经营，忽视生态环境，以牺牲环境换取一时的发展，导致大量有限的农业资源的无序开发和利用，造成水土流失、生态恶化，给人们的生存环境带来威胁，甚至阻碍了其进一步发展，这些都是不可取的。

在现代农业企业的发展过程中，应该树立可持续发展的理念，站在人与自然、企业与自然和谐发展的高度，规划和实施企业的经济行为，努力实现“资源节约型、环境友好型”的农业生产经营体系。

（三）倡导“绿色”观念

所谓“绿色”观念，是一种“珍爱生命，崇尚自然，保护生态，爱护环境，尊重规律”的现代观念。从现代农业企业经营的角度来说，倡导“绿色”观念就是在农业生产的产前、产中、产后各环节实行绿色过程管理。例如，对于种植业企业来说，生产环境是良好的，包括土壤、水、大气都不得有污染；生产过程是良好的，所使用的种子、肥料、植保用品是安全的，不会给环境造成污染，不会造成产品的不安全；产后的加工、销售等过程都是在一个良好环境下进行的，并不得对环境造成危害；最终产品是安全的。在“绿色”观念的引领下，农业企业效益的取得是在一个不对资源、环境造成破坏，不对消费者的健康造成影响的前提下实现的。

（四）树立“人才是第一资源”的理念

人、财、物是企业发展的必备资源，而其中最重要的资源是人才。有了人才，就有了创新，就有了发展，就有强大的竞争力，就能推动生产力的发展。从农业企业发展的实际看，凡是发展好的企业，都有优秀的人才团队做支撑。农业企业经营过程中，应该树立“人才是第一资源”的理念，善于发现人才，培养人才，尊重人才，充分调动人才的积极性，创新用人机制，优化人才环境，改善人才服务，创设现代农业企业发展的“智力库”，为企业提供持续发展的人才保障。

（五）注重创新

创新与一成不变相对应。随着我国国际化进程的不断深入，农业企业的竞争越来越激烈，在激烈的市场竞争中，企业要想占有一席之地，就不能固守成规，必须顺应市场需求的变化，在变中求生存、求发展，不断提高市场的竞争力，这就需要将创新的理念引入到企业文化之中，将创新贯穿到企业生产过程的始终。创新不仅指产品的创新，还包括观念创新、制度创新、技术创新、市场创新和管理创新等。

案例分析

集团化经营案例：正大集团

正大集团是世界上最大的华人跨国公司之一，由华裔实业家谢易初、谢少飞兄弟于1921年在泰国曼谷创建。正大集团由农牧业起家，业务遍及20多个国家和地区，下属400多家公司，员工人数近20万人。公司从农作物种子的销售开始，逐步发展壮大，形成了由种子改良—种植业—饲料业—养殖业—农牧产品加工、食品销售、进出口贸易等组成的完整现代农牧产业链，成为世界现代农牧业产业化经营的典范。近30年来，正大集团在家族第二代管理者的领导下，不断革新农牧业的经营理念，在壮大优势产业和主导产业的同时，还积极涉足其他行业，如电讯、医药、房地产、国际贸易、物流、金融、传媒、互联网、教育和工业等领域，成效卓著，跻身于东南亚规模最大和最具影响力的企业集团之列。

改革开放以后，正大集团作为亚洲最大的农牧业企业集团，将投资的重点放在中国，在中国投资额近60亿美元，设立企业213家，遍及除青海、西藏以外的所有省、市、自治区，员工人数超过80 000人，年销售额超过500亿人民币。集团创立了正大饲料、双大鸡肉、大阳摩托、正大综艺等知名品牌，建成了易初摩托车、易初莲花超市、正大康地、吉林德大、正大广场、正大制药集团、正大国际财务公司和德富泰国银行等一批知名企业。

正大集团率先投资开发中国的饲料行业，引入国际先进的饲料生产概念和技术。主要有以下几点。第一，国际领先的技术和生产设备。正大集团各饲料厂配备的全套先进的生产设备、自动化控制系统、饲料加工设备等大部分从美国、德国、英国等先进国家引进，饲料生产工艺先进，确保正大能够将优质产品投放到市场。第二，国际一流的配方。正大把产品配方看作公司最为核心的技术，聘请大量的拥有动物营养学博士学位的技术人员对配方潜心研究，精心搭配，研究出一流的配方。绝不使用违禁违规药品，确保产品高质量、无药物残留。第三，国际先进的ISO 9000质量管理体系。成立了ISO推行小组，并“以市场为导向，以优良品质为基础，以售后服务为保证”，结合正大集团原有的质量管理体系，将ISO质量管理工作贯穿于企业运作的全过程。第四，严把生产前的原料进厂关。正大饲料采用无公害玉米、进口鱼粉、豆粕、多种氨基酸、矿物质等数十种优质原料。各饲料厂在引进原料时，均经过严格检验，以保证原料的品质。第五，严把生产后的成品出厂关。正大集团各饲料厂在生产过程中每批取一个半成品样，留样观察；每个品种取一个样，送化验室化验备案。坚决不让一包不合格的产品流入市场。第六，质量管理人员的保证。正大集团特别重视对质量管理人员的培养，拥有一大批获得职业资格证书的质量专业技术人员，他们分布在正大下属的各个饲料厂，严格有力地贯彻了正大对质量要求的监控和实施。第七，完善的售后服务。完善的配套服务是产品质量的延伸。在华30年来，正大集团售后服务人员始终坚持深入乡村、销售现场及养殖户户头3个层面，进行上门服务和技术培训。正大集团用现代企业管理方式经营，为中国饲料企业提供了样板和借鉴。

第二章

农业企业经营战略

一、分析经营环境

（一）经营环境类型

农业企业的各项经营活动实施，受到周围许多环境因素的影响。农业企业为了搞好生产经营活动，就必须了解它所处的环境，并根据这些环境因素作出恰当的反应。

农业企业生产经营活动的环境因素，按其性质可分为：可控制的环境因素、准可控制的环境因素和不可控制的环境因素 3 种。可控制的环境因素，例如，新产品开发计划、新技术的引进、市场开拓计划等。准可控制的环境因素，例如，农业企业在市场上的占有率、劳动力移动率、劳动生产率、农业企业内部价格政策等。不可控制的环境因素，例如，人口增加、计划年度的物价上涨等。

按其内外性质可分为：外部环境因素和内部环境因素。外部环境因素包括政治与法律力量、经济力量、技术力量、社会文化力量、全球力量等；内部环境因素是指供应商、竞争者、顾客、政府力量、特殊利益集团等（图 2－1）。

按农业企业主管人员在执行目标时所受到的环境限制可分为 4 个层次：即组织内部环境、市场环境、总体环境、超环境。组织内部环境一般包括农业企业规模、所有权类型、高层主管人员的行为、组织结构及权力领导中心分布、产品配销渠道及代理商等。市场环境一般包括顾客的类型、顾客数目、顾客购买力、顾客的需求与欲望、顾客购买习惯、同行业竞争者行为、供应商的行为等。总体环境包括影响厂商与其市场间交易的有关力量及机构，大致可分为：①经销环境；②技术环境；③政治法律环境；④社会教育与文化环境。这些总体环境的变化通常是缓慢而逐步进行的，但仍可看出其变化的趋向。超环境是一般组织通常所不加注意的因素，因为它对组织内的活动几乎尚无任何影响力量，甚至没有任何关系存在。然而，这些因素具有很大的潜在的重要性。例如，月球、矿产资源、环境污染防治以及社会经济形态的研究，都对人类未来变化有潜在的影响作用，所以农业企业经营人员

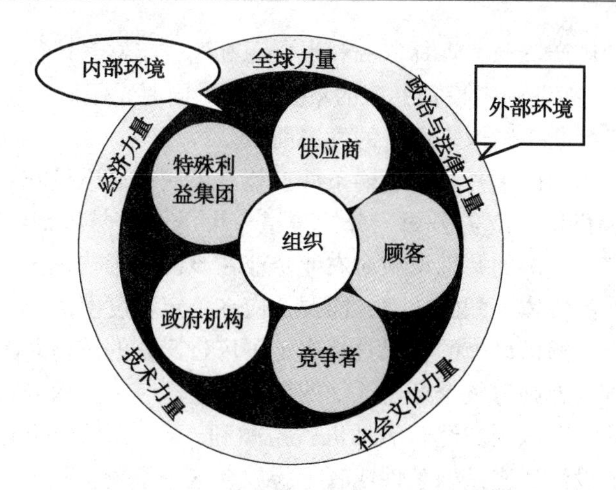

图2－1　农业企业内外部环境的分类

必须加以注意。

1．经济环境

经济环境和技术、政治、法律、社会、文化教育等环境之间有着复杂关系，经济环境是农业企业生产经营活动中必须首先把握的环境。构成一国经济环境的因素很多，主要有以下几个方面。

（1）市场规模。农业企业在开展生产经营活动之前，首先关心的是其市场规模。市场规模太小，潜力不大，就不值得去开拓，市场规模足够大，值得开拓，农业企业才能进一步考虑该市场的其他特性。决定市场规模的因素主要有两个：人口和收入。国民收入高的国家，若人口不多，则每人所得或购买力水准必然高，对商品及劳务的消费能力亦高。反之，则每人所得水准必低，对商品及劳务的消费能力也低。对于农业企业来说，最有希望的市场是人口多、个人收入水平又高的国家，例如，美国、日本、法国、德国、英国等。其次为人口虽不多，但个人所得高的国家，例如，北欧诸国、澳大利亚、新西兰等。当然，人均收入水平不高，但人口很多的地域，也往往被一些农业企业重视，因为他们未来发展的潜力是很大的。

（2）人口结构。包括男女性别、年龄层次、教育水平、婚姻状况、就业种类以及城乡分布情况等，对农业企业的产销活动影响很大。因为不同的人口结构，会形成不同的市场结构。对产品的偏好、口味的不同以及购买行为的差别，深深影响着农业企业的生产经营活动。例如，从年龄结构方面来看，老年人和青年人的需求是不同的。在老年人比例较高的国家和地区，食品支出的销售量就大。

（3）经济特性。对一国经济特性的研究包括下述几个方面。

①自然条件。即一国的自然资源、地形和气候条件。从自然资源方面来

看，若一国的矿产资源、森林资源和水资源都比较丰富，这往往是吸引外地（或国外）农业企业前来投资办厂的重要原因。同时，了解一国的自然资源状况，有助于判断一国未来经济的发展前景。

②基础设施。即指一国的运输条件、能源供应、通讯设施和各种商业基础设施（金融机构、广告公司、分销渠道、市场调研与咨询组织等）的可获性及其效率。一国的基础设施对农业企业在该国的影响很大。例如，运输条件决定了产品实体分配的效率；能源供应在一定程度上决定了一些电器产品的市场规模；通讯设施的状况直接决定了广告媒介的选择乃至整个促销效果；商业基础设施则对整个经营活动的效率发生影响。一般来说，一国的基础设施愈发达，在该国的经营活动也就愈顺利，若该国的基础设施太落后，农业企业只能设法适应该国条件或者干脆放弃这一市场。

③通货膨胀。从理论上讲，一国发生通货膨胀，人们的实际工资下降，购买力下降，需求也会下降。但从实际上看，消费者因担心物价会进一步上涨，往往会抢购商品，结果通货膨胀反而刺激了需求的扩大。一般来说，通货膨胀会影响消费者支出的数额和所购买商品的类型。此外，通货膨胀使农业企业的成本控制和定价决策变得更为复杂。

2. 政治与法律环境

政治与法律环境的变动会深深影响农业企业的生产经营活动。政治环境对农业企业的生产经营活动发生直接影响，但更多的则是通过法律、国家政策来鼓励或制约农业企业的生产经营活动。

（1）政治稳定性。各国的政治环境都在变化，平缓的变化使农业企业有调整策略的余地，突然的变化往往使农业企业措手不及。在考察一国的政治稳定性时，应注意两个方面：政策法规的连续性和政治冲突状况。

（2）政府官员的工作作风和办事效率。执政党的主张及其政权的稳定性并不一定能确保其各级行政机关的工作人员清明廉政，勤奋工作。政府官员若不能秉公执法，出现工作作风拖拉、官僚主义盛行等局面，是很不利于农业企业去追求经营成效的。

（3）政治干预。政治干预是指政府采取各种措施，迫使农业企业改变其经营方式、经营政策和策略的行为。政治干预的形式主要有：没收和国有化。没收是指政府强迫农业企业交出其资产，不给任何经济补偿。国有化是指将农业企业的资产收归国有，给农业企业一定的经济补偿。

（4）外汇管制。表现在农业企业的利润不能汇回，农业企业生产所需的原料、零部件和设备不能引进。

（5）进口限制。东道国政府可以采取许可证制度、外汇管制、关税亏配额等措施限制进口。

（6）税收管制。有些国家政府对外国农业企业课征特别税，采取歧视性税收政策，有的违背前约，提前结束免税期。

（7）价格管制。东道国政府采取价格管制，直接干预农业企业定价决策，使农业企业无法根据市场供求状况调整价格。

（8）劳动力限制。有些国家规定劳动力不能自由流动，农业企业无权招聘或裁减工人，以限制农业企业的人事政策。

法律环境主要有下列构成要素：一般民事法律及其结构；工商法律及其结构；关税政策及税率结构；保护措施；奖励和惩罚措施；专利及检验规定；广告管制办法；防治环境污染条例等。所有这些内容，都对农业企业的生产经营活动有重要影响。农业企业在进行生产经营活动计划之前，必须认真加以分析和研究。

3. 文化环境

社会文化环境是由社会中每个人所拥有的知识、宗教、艺术、道德、习惯和其他才能与偏好所组成的。在所有的环境中，社会文化环境向人们提出了严峻的挑战。人们每日每时都在这种环境中生活，但又难以对这种环境予以描述，既不能对社会文化标价，又不能对其进行预算，政府也不发表衡量这种环境的数字指标。因此，分析和研究社会文化环境并洞察其内部的变化是一件十分困难的事。然而农业企业是在社会中从事生产经营活动的，农业企业必须适应社会文化环境的要求。

进行文化环境的研究和分析可以从下面几方面入手。

（1）物质文化。一国的物质文化主要表现在技术和经济两方面。农业企业要计划将产品打入某国市场，必须使其经营决策符合该国的经济和技术水平。

（2）宗教。宗教信仰对农业企业经营活动的影响主要表现在：第一，不同宗教的教徒有着不同的价值观和行为准则，从而会导致不同的需求和消费模式；第二，宗教的节日前后需求往往大涨大落；第三，宗教禁忌影响着人们的消费行为；第四，宗教组织本身既是大型的团体的买者，又是教徒购买决策的重要影响者；第五，宗教之间及某一宗教不同派别之间的对立，都可能导致敌对行为，进而给农业企业在当地的经营活动带来风险。

（3）价值观念。价值观念是指人们对于事物的评价标准和崇尚风气。价值观念决定人们的是非观、善恶观和主次观，也在很大程度上决定着人们的行为规范。每一种文化都包含着某些行为规范和公认的价值观。人们在自己特定的文化环境中，只能学习和遵守这些准则，不能背道而驰，因此，农业企业在制定经营计划时，必须了解和分析各地区各国家的行为规范。以时间观念为例，北美和西欧人的时间意识很强，拉美人和中东人的时间观念要差得多。在时间意识强的国家里，那些节省时间的产品，如快餐、速溶咖啡等都会受到欢迎。

（4）社会组织。社会组织又称社会结构，是指一个社会中人与人发生关系的方式，它确定了人们在社会上所扮演的角色及权责模式。社会组织概括为家庭和社会群体两大类。社会组织在不同国家中差别很大。以家庭为例，欧美发达国家中大部分家庭规模都比较小，一般只有夫妻两人加上一个或两个未婚子女。而大多数发展中国家的家庭规模都比较大。研究各国的家庭规模对制定农业企业的经营计划具有直接意义，因为许多产品都是以家庭为单位购买的。

（5）教育。教育是改变人类心智过程的总称。当今世界的竞争，主要是人才的竞争，一国的强盛繁荣，在某种程度上取决于人的素质的提高和人才的众多，一个农业企业也是如此。人才为所有资源之首，也是成功的关键。人才的培养靠教育。分析教育是否有益于农业企业发展可以从以下几个因素着手：第一，人们对接受教育的一般态度；第二，识字率。一国的文盲越高，就越不利于农业企业发展；第三，职业教育及训练；第四，高等教育与经济发展相适应的程度；第五，农业企业教育的发展程度。

（6）社会文化的变迁。同其他许多事物一样，社会文化都在变化着，只是这种变化相对来说缓慢些。社会文化的变迁意味着人们的行为模式、价值观念、风俗习惯、道德规范、兴趣爱好等的变化，而这些变化又给农业企业生产经营创造了新的机会。农业企业在制定计划之前也应加以预测研究。

（7）农业企业文化。影响农业企业经营状况的一个主要因素是农业企业文化。这种农业企业文化在无形中直接或间接地对人们的思维和行为产生影响，从而决定农业企业的经营和发展。当今农业企业管理已由以物为中心的管理发展到以人为中心的管理。这种管理承认人是有思想、有感情的。被管理者若理解农业企业目标，富有兴趣、愿意合作、愿意承担责任，那么就可以使管理更加有序，使管理失误和管理不善得到缓解和弥补。相反，如果被管理者是处于被支配、怀疑、愚弄、压抑的状态，充满对立情绪，那么再好的农业企业计划也难以实现，再好的组织和指挥也难以服从。这就是说，管理要想获得成功，首先必须研究人们的精神和灵魂，即研究农业企业文化。决定农业企业文化的因素是多方面的，从大的方面看，可以分为环境因素和人的因素。就环境因素来看，农业企业所面临的特定的客观环境，在一定程度上制约或者说规定了农业企业的价值取向。农业企业为了在这种客观环境中求得生存与发展，必须采取与之相适应的行为方式。就人的因素来看，一般地说，人们在一个特定的农业企业内活动，通过相互接触、相互影响，逐渐形成一些共同的互相确认的观念和准则，这些观念和准则对人们的实际行为起着协调、统一等作用。当然，农业企业内不同地位的人们对农业企业文化的形成，其作用是大不相同的，农业企业创立者和最高经营决策者对农业企业形成独特的文化有着巨大的影响。例如，新希望集团公司的企业文化定位为“像家庭、像军队、像学校”；蒙牛集团以“奉献”作为企业文化的主旋律；海尔集团的企业文化是“创新”。

（二）农业企业经营环境分析

1. PEST 分析法

PEST 是政治法律、经济、社会和技术环境的简写。PEST 分析法（表 2－1）是对 4 个因素在过去对农业企业产生了哪些影响及其程度，其中关键因素是什么，这些因素在目前对自己及对手的影响如何，并分析其未来趋势，将这些主要矛盾抓住，据此制定经营战略。PEST 分析其目的在于确认和评价政治、经济、社会文化及技术等宏观因素对农业企业战略目标和战略选择的影响。

表 2－1　PEST 分析法

政治/法律	垄断法律；环境保护法；税法；对外贸易规定；劳动法；政府稳定性
经济	经济周期；GNP 趋势；利率；货币供给；通货膨胀；失业率；可支配收入；能源适用性；成本
社会文化	人口统计；收入分配；社会稳定；生活方式的变化；对工作和休闲的态度；教育水平；消费
技术	政府对研究的投入；政府和行业对技术的重视；新技术的发明和进展；技术传播速度；折旧和报废速度

（1）政治法律环境。包括一个国家的社会制度、执政党的性质、政府的方针、政策、法令等。不同的国家有着不同的社会性质，不同的社会制度对组织活动有着不同的限制和要求。即使社会制度不变的同一国家，在不同时期，由于执政党的不同，其政府的方针特点、政策倾向对组织活动的态度和影响也是不断变化的。

（2）经济环境。主要包括宏观和微观两个方面的内容。宏观经济环境主要指一个国家的人口数量及其增长趋势，国民收入、国民生产总值及其变化情况以及通过这些指标能够反映的国民经济发展水平和发展速度。微观经济环境主要指农业企业所在地区或所服务地区的消费者的收入水平、消费偏好、储蓄情况、就业程度等因素。这些因素直接决定着农业企业目前及未来的市场大小。

（3）社会文化环境。包括一个国家或地区的居民教育程度和文化水平、宗教信仰、风俗习惯、审美观点、价值观念等。文化水平会影响居民的需求层次；宗教信仰和风俗习惯会禁止或抵制某些活动的进行；审美观点则会影响人们对组织活动内容、活动方式以及活动成果的态度；价值观念会影响居民对组织目标、组织活动以及组织存在本身的认可与否。

（4）技术环境。技术环境除了要考察与农业企业所处领域的活动直接相关的技术手段的发展变化外，还应及时了解国家对科技开发的投资和支持重点，该领域技术发展动态和研究开发费用总额、技术转移和技术商品化速度，专利及其保护情况等。

2. SWOT 分析法

SWOT 分析法，20 世纪 80 年代初由美国旧金山大学的管理学教授韦里克提出，经常被用于农业企业战略制定、竞争对手分析等场合。SWOT 是优势、劣势、机会和威胁的简称。SWOT 分析法（表 2－2）用来确定农业企业本身的竞争优势、竞争劣势、机会和威胁，从而将公司的战略与公司内部资源、外部环境有机结合。因此，清楚地确定公司的资源优势和缺陷，了解公司所面临的机会和挑战，对于制定公司未来的发展战略有着至关重要的意义。

表 2－2　SWOT 分析法

	优势 S	劣势 W
机会 O	SO 战略	WO 战略
威胁 T	ST 战略	WT 战略

优劣势分析主要是着眼于农业企业自身的实力及其与竞争对手的比较，而机会和威胁分析将注意力放在外部环境的变化及对农业企业的可能影响上。在分析时，应把所有的内部因素（即优劣势）集中在一起，然后用外部的力量来对这些因素进行评估。

（1）机会与威胁分析。随着经济、社会、科技等诸多方面的迅速发展，特别是世界经济全球化、一体化过程的加快，全球信息网络的建立和消费需求的多样化，农业企业所处的环境更为开放和动荡。这种变化几乎对所有农业企业都产生了深刻的影响。正因为如此，环境分析成为一种日益重要的农业企业职能。环境发展趋势分为两大类：一类表示环境威胁，另一类表示环境机会。环境威胁指的是环境中一种不利的发展趋势所形成的挑战，如果不采取果断的战略行为，这种不利趋势将削弱企业的竞争地位。环境机会就是对企业行为富有吸引力的领域，在这一领域中，该企业将拥有竞争优势。

（2）优势与劣势分析。当两个农业企业处在同一市场或者说它们都有能力向同一顾客群体提供产品和服务时，如果其中一个农业企业有更高的盈利率或盈利潜力，那么，我们就认为这个农业企业比另外一个农业企业更具有竞争优势。换句话说，所谓竞争优势是指一个农业企业超越其竞争对手的能力，这种能力有助于实现企业的主要目标——盈利。但值得注意的是，竞争优势并不一定完全体现在较高的盈利率上，因为有时企业更希望增加市场份额，或者多奖励管理人员或雇员。竞争优势可以指消费者眼中一个企业或它的产品有别于其竞争对手的任何优越的东西，它可以是产品线的宽度、产品的大小、质量、可靠性、适用性、风格和形象以及服务的及时、态度的热情等。虽然竞争优势实际上指的是一个企业比其竞争对手有较强的综合优势，但是明确农业企业究竟在哪一个方面具有优势更有意义，因为只有这样，才可以扬长避短，或者以实击虚。由于农业企业是一个整体，而且竞争性优势来源十分广泛，所以，在做优劣势分析时必须从整个价值链的每个环节上，将农业企业与竞争对手做详细的对比，例如，产品是否新颖、制造工艺是否复杂、销售渠道是否畅通、以及价格是否具有竞争性等。如果一个农业企业在某一方面或几个方面的优势正是该行业农业企业应具备的关键成功要素，那么，该农业企业的综合竞争优势也许就强一些。需要指出的是，衡量一个农业企业及其产品是否具有竞争优势，只能站在现有的潜在用户角度上，而不是站在农业企业的角度上。

农业企业在维持竞争优势过程中，必须深刻认识自身的资源和能力，采取适当的措施。因为一个农业企业一旦在某一方面具有了竞争优势，势必会吸引到竞争对手的注意。一般地说，农业企业经过一段时期的努力，建立起某种竞争优势，然后就处于维持这种竞争优势的态势，竞争对手开始逐渐做出反应，然后，如果竞争对手直接进攻农业企业的优势所在，或采取其他更为有力的策略，就会削弱原有的这种优势。

3. 波特五力模型分析法

波特五力模型是迈克尔·波特于20世纪80年代初提出的，对农业企业战略制定产生了全球性的深远影响。它用于竞争战略的分析，可以有效的分析客户的竞争环境。五力分别是：供应商的议价能力、购买者的议价能力、潜在竞争者进入的能力、替代品的替代能力、行业内竞争者现在的竞争能力。五种力量的不同组合变化最终影响行业利润潜力变化（图2－2）。

（1）供应商的议价能力。供方主要通过其提高投入要素价格与降低单位产品价值量的方式，来影响行业中现有农业企业的盈利能力与产品竞争力。供方力量的强弱主要取决于他们所提供给买主的是什么投入要素，当供方所提供的投入要素价值占买主产品总成本的较大比例或对买主产品生产过程非常重要或严重影响买主产品的质量时，供方对于买主的潜在讨价还价力量就大大增强。一般来说，满足如下条件的供方集团会具有比较强大的讨价

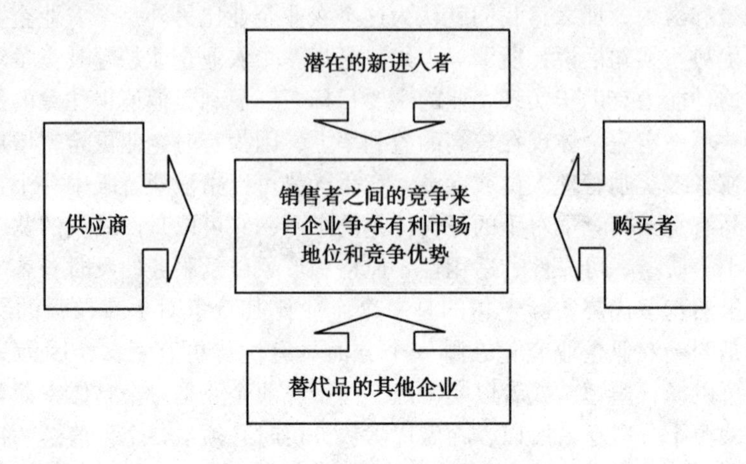

图 2－2　波特五力模型

还价力量：供方行业为一些具有比较稳固的市场地位而不受市场激烈竞争困扰的农业企业所控制，其产品的买主很多，以致单个买主不可能成为供方的重要客户；供方给农业企业的产品各具有一定特色，以致买主难以转换或转换成本太高，或者很难找到可与供方产品相竞争的替代品；供方能够方便地实行前向联合或一体化，而买主难以进行后向联合或一体化（简单说，就是店大欺客）。

（2）购买者的议价能力。购买者主要通过其压价与要求提供较高的产品或服务质量的方式，来影响行业中现有农业企业的盈利能力。一般来说，满足如下条件的购买者可能具有较强的讨价还价力量：购买者的总数较少，而每个购买者的购买量较大，占了卖方销售量的很大比例；卖方行业由大量相对来说规模较小的农业企业所组成；购买者所购买的基本上是一种标准化产品，同时向多个卖主购买产品在经济上也完全可行；购买者有能力实现后向一体化，而卖主不可能前向一体化（简单说，就是客大欺主）。

（3）新进入者的威胁。新进入者在给行业带来新生产能力、新资源的同时，将希望在已被现有农业企业瓜分完毕的市场中赢得一席之地，这就有可能会与现有农业企业发生原材料与市场份额的竞争，最终导致行业中现有农业企业盈利水平降低，严重的话还有可能危及其生存。竞争性进入威胁的严重程度取决于两方面的因素，即进入新领域的障碍大小与预期现有农业企业对于进入者的反应情况。

进入障碍主要包括规模经济、产品差异、资本需要、转换成本、销售渠道开拓、政府行为与政策、不受规模支配的成本劣势、自然资源、地理环境等方面，这其中有些障碍是很难借助复制或仿造的方式来突破的。预期现有农业企业对进入者的反应情况，主要是采取报复行动的可能性大小，则取决于有关厂商的财力情况、报复记录、固定资产规模、行业增长速度等。总之，新农业企业进入一个行业的可能性大小，取决于进入者主观估计进入所能带来的潜在利益、所需花费的代价与所要承担的风险这三者的相对大小情况。

（4）替代品的威胁。两个处于同行业或不同行业中的农业企业，可能会由于所生产的产品是互为替代品，从而在它们之间产生相互竞争行为，这种源自于替代品的竞争会以各种形式影响行业中现有农业企业的竞争战略。首先，现有农业企业产品售价以及获利潜力的提高，将由于存在着能被用户方便接受的替代品而受到限制；第二，由于替代品生产者的侵入，使得现有农业企业必须提高产品质量或通过降低成本来降低售价或使其产品具有特色，否则其销量与利润增长的目标就有可能受挫；第三，源自替代品生产者的竞争强度，受产品买主转换成本高低的影响。总之，替代品价格越低、质量越好、用户转换成本越低，其所能产生的竞争压力就强，而这种来自替代品生产者的竞争压力的强度，可以具体通过考察替代品销售增长率、替代品厂家生产能力与盈利扩张情况来加以描述。

（5）同业竞争者的竞争程度。大部分行业中的农业企业，相互之间的利益都是紧密联系在一起的，作为农业企业整体战略一部分的各农业企业竞争战略，其目标都在于使自己的农业企业获得相对于竞争对手的优势，所以，在实施中就必然会产生冲突与对抗现象，这些冲突与对抗就构成了现有农业企业之间的竞争。现有企业之间的竞争常常表现在价格、广告、产品介绍、售后服务等方面，其竞争强度与许多因素有关。

一般来说，出现下述情况将意味着行业中现有企业之间竞争的加剧，这就是：行业进入障碍较低，势均力敌，竞争对手较多，竞争参与者范围广泛；市场趋于成熟，产品需求增长缓慢；竞争者企图采用降价等手段促销；竞争者提供几乎相同的产品或服务，用户转换成本很低；一个战略行动如果取得成功，其收入相当可观；行业外部实力强大的公司在接收了行业中实力薄弱农业企业后，发起进攻性行动，结果使得刚被接收的农业企业成为市场的主要竞争者；退出障碍较高，即退出竞争要比继续参与竞争代价更高。在这里，退出障碍主要受经济、战略、感情以及社会政治关系等方面考虑的影响，具体包括：资产的专用性、退出的固定费用、战略上的相互牵制、情绪上的难以接受、政府和社会的各种限制等。

行业中的每一个农业企业或多或少都必须应付以上各种力量构成的威胁，而且客户必须面对行业中的每一个竞争者的举动。除非认为正面交锋有必要而且有益处，例如要求得到很大的市场份额，否则客户可以通过设置进入壁垒，包括差异化和转换成本来保护自己。当一个客户确定了其优势和劣势时，客户必须进行定位，以便因势利导，而不是被预料到的环境因素变化所损害，例如，产品生命周期、行业增长速度等，然后保护自己并做好准备，以有效地对其他农业企业的举动做出反应。

根据上面对于5种竞争力量的讨论，农业企业可以采取尽可能将自身的经营与竞争力量隔绝开来、努力从自身利益需要出发影响行业竞争规则、先占领有利的市场地位再发起进攻性竞争行动等手段来对付这5种竞争力量，以增强自己的市场地位与竞争实力。

二、制定经营目标

（一）农业企业经营目标含义

农业企业经营目标是在一定时期内，农业企业生产经营活动预期要达到的成果，是农业企业生产经营活动目的性的反映与体现。指在既定的所有制关系下，农业企业作为一个独立的经济实体，在其全部经营活动中所追求的、并在客观上制约着农业企业行为的目的，具有整体性、终极性、客观性的特点。

农业企业经营目标，是在分析农业企业外部环境和农业企业内部条件的基础上确定的农业企业各项经济活动的发展方向和奋斗目标，是农业企业经营思想的具体化。农业企业经营目标不止一个，其中，既有经济目标又有非经济目标，既有主要目标，又有从属目标。它们之间相互联系，形成一个目标体系。其主要内容为：经济收益和农业企业组织发展方向方面的内容构成。它反映了一个组织所追求的价值，为农业企业各方面活动提供基本方向。它使农业企业能在一定的时期、一定的范围内适应环境趋势，使农业企业的经营活动保持连续性和稳定性。

（二）农业企业经营目标的实际意义

农业企业经营目标是价值评估的基础之一。不同的农业企业其经营目标是不同的，例如，改革开放前我国的国有农业企业的经营目标就是能完成上级主管部门下达的经营任务；承包制下的国有农业企业只要能完成期内利润指标即可（不管是怎么完成的）。不同经营目标的背后实际上反映了不同的农业企业制度。农业企业长期经营目标是农业企业发展战略的具体体现。许多农业企业在谈到农业企业长期经营目标时只是想到销售额要达到多少、利润要达到多少，这如同谈到一个孩子的发展时只想到身高、体重要达到多少一样过于狭隘。在农业企业长期经营目标里不仅包括产品发展目标、市场竞争目标，更包括社会贡献目标、职工待遇福利目标、员工素质能力发展目标等。

（三）农业企业经营目标的制定

确定合适的目标数量，既要保持一定的目标数量，系统地反映农业企业经营成果，又要坚持目标数量的少而精，以利于集中农业企业资源，解决好主要问题。在确定经营目标数量时，必须统管农业企业全局。对事关农业企业经营成败的关键目标，必须有意识的引导农业企业全体成员抓住重点，切忌将目标数量立的过多、过细，以致主次不分、因小失大。

1. 确定合适的目标水平

要使其充分发挥经营目标所应具有的鼓舞和动员作用，激发职工的积极性和创造性，开展新局面。在确定目标水平时，需防止两种倾向：一是脱离实际，只凭主观愿望，把目标水平定得过高，这样不仅起不到促进作用，反而因为目标难以实现而挫伤职工的积极性；二是妄自菲薄、不求进取，把目标定得过低，不仅满足不了客观需求，也不能保持农业企业的正常发展，还会压制职工的奋发精神。合适的目标水平应是符合客观形势要求，能在原有基础上，通过主观努力，取得新成就。

2. 确定合适的目标表示形式

要尽量采用数量指标和质量指标，以利于综合反映农业企业的经营成果。反映目标水平的指标，可用绝对数或相对数来描述。当用绝对数描述目标时，如销售额、利润额、产品成本等，它只反映经营成果的“量”的水平；当目标用相对数描述时，如销售增长率、利润增长率等，是反映经营成果的可比水平。因此，为具体显示经营成果达到的绝对数量水平，也为了评价、对比经营成果相对提高（或下降）的程度，应同时选用表述目标水平的两类指标为宜。

3. 搞好综合平衡

农业企业各类目标要保持一致性，不能互相脱节、互相矛盾，这样才能保证农业企业经营活动的协调一致，形成“向心力”。农业企业的经营决策参谋部门，应着力于搞好经营目标的综合平衡，发挥统筹指导的作用。

4. 建立与推行目标管理制度

推行目标管理可以有效地引导全体职工，经过上下级之间相互协商的方式，参与目标的制定，建立达成农业企业总体性目标的目标连锁；明确方向与要求，树立责任感，使各项目标充分落实，并通过“自我控制”、考核奖惩等手段，激发人们的主观能动性与创造性，为实现目标而不断奋斗。

正所谓“栽得梧桐树，凤凰纷纷至”。只要有了科学完善的经营目标和管理制度、有效的激励与约束机制、诚信的农业企业核心价值观，就会有员工和市场的忠诚与信任，从而获得良好的农业企业文化和农业企业形象，农业企业的腾飞就会成为必然。

三、选择经营战略

（一）农业企业经营战略含义

战略即是一种谋划，是从全局出发而对事物长远发展具有重要影响的谋划。从军事学领域可延伸到许多领域，有多种观点和理解，如计划、决策等。通常，战略可概括为农业企业在分析外部环境和内部条件的现状及其变化的基础上，为求得其长期生存和稳定发展而所做出的长远性的总体规划，是农业企业经营思想的集中表现。

（二）农业企业经营战略的特点

（1）全局性。即以农业企业全局为对象，根据农业企业总体发展的需要而制定的。

（2）长远性。是对未来较长时间（5年以上）内农业企业的生存与发展的通盘考虑及筹划。

（3）竞争性。是关于农业企业在竞争中如何与竞争对手相抗衡的行动方案，也是针对来自各方面的许多冲击、压力和威胁及困难而制定的行动方案。

（4）纲领性。经营战略具有统帅作用，侧重于解决农业企业生存发展中的主要矛盾。

（5）风险性。由于环境变化的不确定性，使得经营战略具有一定的风险决策特征。

（6）稳定性。在一定时期内应该具有稳定性。当然，也应处理好总体上的连续稳定和过程与环节上的灵活性。

（三）农业企业经营战略的类型及体系

1. 总体战略

总体战略，即农业企业最高的行动纲领。按其态势可分为稳定型战略、发展型战略和紧缩型战略。

（1）稳定型战略。是指农业企业限于经营环境和内部条件，在一定时期内所期望达到的经营状况基本保持在某一水平上。其核心是提高现有条件下的经济效益。优点是风险小，成功可能性大。其缺点是若长期采用，则农业企业发展变慢，容易忽视外部环境变化，错过发展机遇，从而在竞争激烈的市场环境中陷于被动。

（2）发展型战略。又叫扩张型战略，指农业企业扩大原有主要经营领域的规模或向新的经营领域开拓。其核心是通过竞争优势，谋求其发展与壮大。其特点是需要投入较多的资源，才能扩大规模，提高现有产品的市场占有率或用新产品开拓市场。一般可通过技术开发、产品创新、市场拓展、联合和兼并等途径来实现战略目标。发展型战略有四种类型：第一是集中发展型战略。即以发展单一产品为主，以快于以往的增长速度来扩大农业企业目前的产品或服务的销售、利润和市场份额。其优点是经营目标单一，管理方式简便；缺点是对环境的适应能力差，经营风险大；第二是纵向一体化。即垂直一体化，是向前、向后两个方向扩展农业企业当前的业务的增长型战略。既有前向一体化又有后向一体化。这种战略可使农业企业得到资源优势和销售优势，以获得竞争胜利；第三是横向一体化。即水平一体化，是指购买竞争对手的资产或与之联合组成农业企业集团以共同经营，增强农业企业竞争力，是农业企业兼并和集团化的一种组织形式；第四是复合多元化战略（多角化）。是一种增加与农业企业现有产品或服务显著不同的新产品或服务的增长型战略。一般是通过与其他农业企业的合并、收购或合资经营来实现。其优点是规模能够扩大，领域能够拓展，但缺点是精力分散于不同领域。

（3）紧缩型战略。是指农业企业从目前的经营领域收缩和撤退，且偏离目标起点较大的一种经营战略。核心是通过紧缩来摆脱当前或即将出现的困境，以求将来发展。紧缩型战略有 3 种，分别是转向战略、脱身战略和清算战略。转向战略更多的是指农业企业在面对更好的机会时，对现存的领域便进行压缩和控制。脱身战略（抽资战略）即农业企业将一个或几个主要部门转让、出卖或停止经营。清算战略即出售或转让农业企业的全部资产，以偿还债务，停止整个农业企业的运行。

2. 经营领域战略

当农业企业是单一化或专业化时，经营领域战略与总体战略是一致的。而当存在多个产品与市场组合时，则存在多个经营领域。经营领域战略是指农业企业在某一行业或某一细分行业中，确立其市场地位和发展态势的战略。大的农业企业可能以战略单位的面貌出现；小的农业企业则以某一市场或产品出现。经营领域战略有 3 种类型：低成本战略、差异化战略和目标集中化战略。

（1）低成本战略。是指农业企业通过有效途径降低成本，使其全部成本低于竞争对手的成本，甚至是同行业中最低的成本，从而获得竞争优势的一种战略。低成本战略的制定是先确定开展成本分析的价值链、分摊成本和资产；了解和分析竞争对手的价值链；研究价值活动的成本形成机制；控制价值活动的成本形成机制，建立成本优势。农业企业处于低成本地位上，可以抵挡住现有竞争对手的对抗。即使在竞争对手不能获得利润，只能保本的情况下，农业企业仍能获利。面对强有力的购买商要求降低产品价格的压力，处于低成本地位的农业企业在进行交易时握有更大的主动权，可以拥有与购买商讨价还价的能力。当强有力的供应商抬高农业企业所需资源的价格时，处于低成本地位的农业企业可以有更多的灵活性来解决困境。农业企业已经建立起的巨大的生产规模和成本优势，使欲加入该行业的新进入者望而却步，形成进入障碍。在与替代品竞争时，低成本的农业企业往往比本行业中的其他农业企业处于更有利的地位。

（2）差异化战略。是指农业企业向顾客提供的产品或服务与其他竞争者相比独具特色、别具一格，从而使其建立起独特竞争优势的一种战略。差异化战略的制定是确定实际购买者，弄清农业企业价值链对买方价值链的影响；确定买方的购买标准；评估农业企业价值链中现有的和潜在的独特性来源；制定差异化战略方案；检验差异化战略的持久性。差异化战略产生的高边际效益，增强了农业企业对抗供应商讨价还价的能力；农业企业通过差异化战略使购买商缺乏与之可以比较的产品选择，降低购买商对价格的敏感度；农业企业通过差异化战略建立起顾客对本产品的信赖，使得替代品无法在性能上与之匹敌。但是如果顾客对某种差异化产品可觉察价值的评价，不足以使其认同该产品的高价格，这时低成本战略会轻而易举地击败差异化战略。当顾客变得更加精明时，他们就会降低对产品或服务的差异化要求，转而选择价格较低的产品。

（3）目标集中化战略。指将农业企业的经营活动集中于某一特定的购买群体、产品线的某一部分或某一地域性市场，通过为这个小市场的购买者提供比竞争对手更好、更有效率的服务来建立竞争优势的一种战略。制定集中化战略，首先要检验该战略所需要的市场基础和农业企业基础。在通过上述市场基础和农业企业基础检验后，农业企业可依据对小市场顾客需求的深入分析和农业企业核心竞争力所在以及潜在进入者的威胁等进行决策，选择具体的集中化战略。根据所选战略，运用前述低成本战略的制定方法或差异化战略的制定方法来制定具体的集中化战略方案。由于农业企业在特定的细分市场上采用集中化战略，因此前两种战略也能依据自身优势，为农业企业所采用或实施。此外由于集中化战略避开了在大市场内与竞争对手的直接竞争，对于一些力量还不足以与实力雄厚的大公司抗衡的中小农业企业来说，集中化战略可以增强他们相对的竞争优势，因而该战略对中小农业企业具有重要意义。即使对于大农业企业来说，采用集中化战略也能避免与竞争对手正面冲突，使农业企业处于一个竞争的缓冲地带。竞争对手可能会进入农业企业选定的细分市场，并采取优于农业企业的更集中化的战略。狭窄的小市场中的顾客需求可能会与大市场中一般顾客需求趋同，此时集中化战略的优势就会被削弱或消失。

案例分析

[案例1]

SWOT 分析法案例：南京冠生园

南京冠生园是中国的一块老字号品牌，历经民国、战争、公私合营等大风大浪，依然屹立不倒。然而正是这样一个老字号品牌，却在几年内连续遭受两次重创，令人深思。

“陈馅”引发“失信破产第一案”——2001 年，央视曝光南京冠生园多年来大量使用退回馅料生产“新鲜”月饼，一时间千夫所指。面对危机，南京冠生园极力诡辩，结果雪上加霜。虽然全面停产整顿之后，月饼检测“合格”并重新上柜；但心存疑虑的消费者唯恐避之不及，月饼再也无人问津了。与此同时，“多米诺骨牌”显示了强大的效应，其品牌下的元宵、糕点等其他产品皆被“株连”，几乎都是“零”销售。正所谓“城门失火，殃及池鱼”。第二年，陷入经营困境的南京冠生园食品有限公司不得不宣告破产，成为国内“失信破产第一案”。

“细菌”造成质量问题“二进宫”——2005 年，重组后的南京冠生园再战“江湖”。由于不忍心一个老字号的倒闭，消费者对重组后的冠生园依然充满信心，并表示出欢迎的态度。这似乎昭示着“那个信得过的‘南冠’又回来了”。然而，令消费者意想不到的事件再一次发生了。10 月 28 日，江苏省卫生厅公布该年健康相关产品省级抽检结果，刚刚重出江湖的南京冠生园生产的“老南京麻伍仁月饼”，因菌落总数、大肠菌群及霉菌超标，被列为抽检不合格产品。这是江苏省所有抽检月饼中唯一的不合格产品。“陈馅事件”还阴魂未散，不料复出短短数月又出现了如此重大的质量问题，“南冠”的“二进宫”令消费者失望至极。

大风大浪没有使南京冠生园倒下，却两次跌倒在市场经济的浪潮中。谁来拯救“南冠”，如何拯救“南冠”？有评论分析，虽然“陈陷事件”和“细菌超标”使“南冠品牌”的美誉度下降到底谷，但同时也使得知名度飙升，危机之中孕育着机会。因此，如何打一场漂亮的翻身仗，是摆在南京冠生园面前的一道难题。

这一次，南京冠生园吸取了“陈馅事件”的教训，没有辩解，而是改正错误。消费者也似乎因为失望至极而不再关注南京冠生园，任其“自生自灭”。为了实现自我救赎，南京冠生园一方面狠抓质量、另立渠道，坚定地走成本更高的自营连锁形式，让食品质量始终处于公司的控制之下。另一方面，“用制药的标准做食品”，确定“健康、绿色”的品牌规划，依托制药企业的研发力量，逐渐抛弃传统食品中不健康的原料和元素，研发寻找替代品，并按照国家食品安全行动计划的要求申请了HACCP等体系认证。

几年的惨淡经营之后，南京冠生园有所复苏。2006年和2007年，南京冠生园月饼连续两年被中国食品工业协会授予“中国名饼”的荣誉称号，是南京市唯一连续获此殊荣的月饼品牌。2007年，在国家首批QS认证中被评定为A类烘焙食品企业。2008年，广式莲蓉月饼和苏式麻油椒盐月饼再度荣获南京优质月饼金奖。

运用SWOT分析法分析此案例。

S（优势）：南京冠生园月饼的老字号招牌，拥有顾客对其忠诚度，采用新的经营理念，积极研发寻找替代品，南京冠生园月饼连续两年被中国食品工业协会授予“中国名饼”的荣誉称号，是南京市唯一连续获此殊荣的月饼品牌。

W（劣势）：商誉遭受重创，“陈馅事件”还阴魂未散，不料复出短短数月又出现了如此重大的质量问题，南冠的“二进宫”令消费者失望至极，消费者的信赖度大大降低。

O（机会）：为了实现自我救赎，南京冠生园一方面狠抓质量、另立渠道，坚定地走成本更高的自营连锁形式，让食品质量始终处于公司的控制之下，采取一系列措施，积极应对，挽救其错误。另一方面，很多消费者仍然对老字号抱有信心，市场仍有开发潜力。

T（威胁）：在竞争激烈的市场经济中，南京冠生园的一系列努力是否重新挽回其在消费者心中的地位，是否能重新在市场中站稳脚步。

[案例2]

二差异化战略案例：韩伟集团——普通鸡蛋做成大市场

韩伟集团是中国第一个民营企业集团，集团于1992年在人民大会堂宣告成立。韩伟集团是中国最大的蛋鸡生产企业，拥有存栏鸡300万只，年产鲜蛋5 800万千克，集团拥有中国第一个鸡蛋商标——“咯咯哒”。迄今为止，“咯咯哒”商标是中国鸡蛋行业中唯一的中国驰名商标。

中国蛋业发展滞后于奶业，国内的鸡蛋品牌不足20个，品牌鸡蛋的市场占有率不到5%，品牌市场尚未形成，品牌竞争尚不是很激烈。最初，韩伟集团生产的鸡蛋在大连被冠以“韩伟鲜蛋”的乳名，这个名字并没有注册成为受法律保护的商标。20世纪90年代，韩伟去日本、美国和欧洲考察，找到了在产能过剩趋势下企业的突围路径，就是要适应安全消费、绿色消费、环保消费等新的市场需求，打造高质量产品。由此，他想到了做品牌，通过品牌的整合，把企业的优势最大限度地发挥出来，让消费者认识鸡蛋的品质，把禽蛋企业做大做强。他把中国科学院营养学专家请来，除了帮助集团开发绿色产品以外，就是给鸡蛋起一个好名字，几个昼夜的苦思冥想、你议我论，最形象表意也最具内涵深意的“咯咯哒”品牌名称诞生了。

大连韩伟集团注册“咯咯哒”绿色营养食品鸡蛋，保护性注册了个个大、格格哒、大格格、大个大、哒咯咯。产品出口到日本、东南亚等市场。鸡蛋是食品中最初级的产品，在传统的观念中，鸡蛋是没有差异化的商品，而韩伟却把这样一个农产品做出了差异化，做出了品牌，做出了技术含量。

第三章

农业企业如何进行产品与投资决策

【引导故事】犹太人的选择

三个人要被关进监狱三年，监狱长给他们一人一个要求。美国人爱抽雪茄，要了三箱雪茄。法国人最浪漫，要一个美丽的女子相伴。而犹太人说，他要一部与外界沟通的电话。三年过后，第一个冲出来的是美国人，嘴里鼻孔里塞满了雪茄，大喊道："给我火，给我火！"原来他忘了要火了。接着出来的是法国人，只见他手里抱着一个小孩子，美丽女子手里牵着一个小孩子，肚子里还怀着第三个。最后出来的是犹太人，他紧紧握住监狱长的手说："这三年来我每天与外界联系，我的生意不但没有停顿，反而增长了200%，为了表示感谢，我送你一辆劳斯莱斯！"

这个小故事充分说明，正确的决策决胜千里，错误的决策南辕北辙。

农业企业如何进行产品与投资决策是农业企业生产管理的首要问题。农业企业的所有决策都是以产品决策为龙头展开的，产品决策在极大程度上决定着农业企业经营的成败。本章重点介绍了农业企业产品选择的方法、农业企业产品结构的优化方法以及农业企业投资决策的程序与评价方法。

一、农业企业如何进行产品的选择

（一）农业企业产品决策的重要性

企业的一切生产经营活动都是围绕着产品进行的。产品是企业的生命要素，是企业竞争能力和获利能力的重要载体。一个企业能否生存和发展，实现企业经营目标，关键在于企业产品决策。产品决策在农业企业经营管理中具有重要意义。

1. 产品决策是农业企业经营决策的核心

农业企业一旦确定了所要经营的产品及品种结构，就要为生产和销售这种产品进行各方面的调整。有了产品，才有原材料的供应问题，才有产品销售的问题，甚至在一定条件下，农业企业还要为生产和经营该产品进行人事组织变动。因此，产品决策是农业企业经营决策体系的灵魂。

2. 产品决策在农业企业经营决策体系中拥有特殊性

农业企业经营不仅与市场供求变化密切相关，而且与其生产的自然条件息息相关。由于农产品生产具有地域性、季节性、分散性，从而也决定了农产品决策的复杂性和风险性。因此，在市场与自然的双重约束下，作出科学的产品决策是农业企业经营者的重要任务。作为农业企业经营者，务必采取科学的决策手段做出科学的判断，务必考虑到农产品决策与其他产品决策的不同。

3. 产品决策决定着农业企业经营发展的方向性

农业企业要获得发展就要获得效益，这就要求企业必须按照市场需求组织产品生产，向消费者提供优质优良、价格适宜、适销对路并能够盈利的系列产品。否则，企业产品落后、陈旧，产品结构不尽合理、不能得到优化、不能适应市场需求结构的变化，即使企业设备再先进，资产规模再大，生产的产品数量再多，也不能给企业带来经济效益。可见，由市场主导下的企业经营发展方向最终由产品决策来确定。

4. 产品决策与农业企业能否实现经济效益具有直接相关性

企业经营的最终目的是获得经济效益。产品决策直接关系到企业产品能不能适应市场、占领市场和开拓市场，直接关系到农业企业生产经营能否持续、健康、稳定发展，直接关系到农业企业能否在市场竞争中获得经济利益。因此说，产品决策是企业经营决策的灵魂，决定着企业发展的兴衰。

（二）农业企业产品的决策方法

企业经营决策是指企业在对经营形势进行客观分析和估计的基础上，就企业的总体活动以及重要经营活动的目标、战略和策略所做的选择工作。产品决策的方法除了定性分析方法外，还要对其进行定量分析。下面介绍几种常用的定量分析方法。

1. 确定型决策方法

确定型决策是指决策面对的问题的相关因素是确定的，因而建立的决策模型中的各种参数是确定的。求解确定型决策问题的方法有线性规划、非线性规划、动态规划等。由于篇幅有限，在此重点介绍线性规划。

线形规划的主要特点是将一个问题分解为变量、目标和约束三要素，通过在约束条件下对变量求解，来求得所需的目标，它具有以下特征。

（1）用一组变量（x_1，x_2，⋯，x_n）表示某一方案，这组变量的值就代表一个具体方案，一般这些变量是非负的。

（2）在一定的约束条件，这些约束条件可以用一组线形等式或不等式来表示。

(3) 有一个要求达到的目标，它可用变量的线形函数（目标函数）来表示，按问题的不同，要求目标函数最大化或最小化。满足以上3个条件的数学模型称为线形规划的数学模型，其一般形式如下。

目标函数：Max（min）f（X）$=C_1X_1+C_2X_2+\cdots+C_nX_n$

约束条件：$a_{11}X_1+a_{12}X_2+\cdots+a_{1n}X_n\leqslant(=,\geqslant)\ b_1$

$a_{21}X_1+a_{12}X_2+\cdots+a_{2n}X_n\leqslant(=,\geqslant)\ b_2$

$\vdots$

$a_{m_1}X_1+a_{m_2}X_2+\cdots+a_{mn}X_n\leqslant(=,\geqslant)\ b_m$

因此，如果可以将一个生产中的问题分解为线形规划模型中的三要素，并将之用以上的数学模型表达出来，就可对这个问题用线形规划求解，由此获得所期望的目标。

[例3-1] 某农业企业有耕地面积33.333公顷，可供灌水量6 300立方米，在生产忙季可供工作日2 800个，用于种植玉米、棉花和花生3种作物。预计3种作物每公顷在用水忙季用工日数、灌水量和利润见表3-1，在完成16.5万千克玉米生产任务的前提下，如何安排3种作物的种植面积，以获得最大的利润。

表3-1 每公顷种植面积的限制性资源需求量、产量与利润

作物类别	忙季需工作日数	灌水需要量（立方米）	产量（千克）	利润（元）
玉米	60	2 250	8 250	1 500
棉花	105	2 250	7 500	1 800
花生	45	750	1 500	1 650

解：玉米、棉花、花生种植面积分别为X_1、X_2、X_3公顷，依题意列出线性规划模型。

目标函数：$S=1\ 500X_1+1\ 800X_2+1\ 650X_3$—极大值

约束条件：$X_1+X_2+X_3\leqslant 33.333$

$60X_1+105X_2+45X_3\leqslant 2\ 800$

$2\ 250X_1+2\ 250X_2+750X_3\leqslant 63\ 000$

$8\ 250X_1\leqslant 165\ 000$

$X_1,\ X_2,\ X_3\geqslant 0$

采用单纯形法求出决策变量值：$X_1=20$公顷，$X_2=5.333$公顷，$X_3=8$公顷（表3-2）。

表3－2　决策方案评价

作物类别	占用耕地面积（公顷）	忙季耗用工日数	灌水用量（立方米）	总产量（千克）	利润量（元）
玉米	20	1 200	45 000	165 000	30 000
棉花	5.333	560	12 000	40 000	9 600
花生	8	360	6 000	12 000	13 200
合计	33.333	2 120	63 000		52 800
资源供给量	33.333	2 800	63 000		
资源余缺量	0	680	0		

2. 风险型决策方法

如果决策问题涉及的条件中有些是随机因素，它虽然不是确定型的，但我们知道它们的概率分布，这类决策被称为风险型决策。这类决策问题的分析方法，多用最大期望收益决策的方法，在面对多阶段的风险决策问题时，经常采用决策树方法。决策树法的一般程序如下。

（1）画出决策树图形。决策树指的是某个决策问题未来发展情况的可能性和可能结果所做的估计。决策树包含的要素如下。

□：决策点，从它引出的分支叫决策分支。分支的数目，反映可能的行动方案数。

○：方案节点，其上方的数字表示该方案的收益期望值。从它引出的分支叫概率分支，每条分支上面写明自然状态及出现的概率、分支的数目，反映可能的自然状态数。

△：结果点，它反映每一个行动方案在相应的自然状态下，可能得到的效益。它旁边的所记的数字，是每一行动方案在相应自然状态下的收益值。

（2）计算各方案的期望效益值与净收益值。

（3）决策选优并剪支。注意：画图从左到右，计算从右到左。

［例3－2］某地区为满足市场对啤酒的需求，拟规划新建啤酒厂，扩大啤酒生产能力。根据市场调查，制定了两个备选方案。

第一方案，投资3 000万元新建大厂。据估计，今后如果销路好每年可获利1 000万元，如销路不好，每年可亏损200万元。大厂的服务期限为10年。

第二方案，先行投资1 400万元建小厂，3年后如果销路好再考虑是否需要追加投资2 000万元扩建为大厂。估计，销路好小厂每年可获利400万元，销路不好小厂每年仍可获利300万元。扩建后的大厂估计每年可获利950万元。扩建后大厂的服务期限为7年。

据预测，今后10年当地市场销路好的概率为0.7。请为该企业决策。

解：绘制决策树如下：

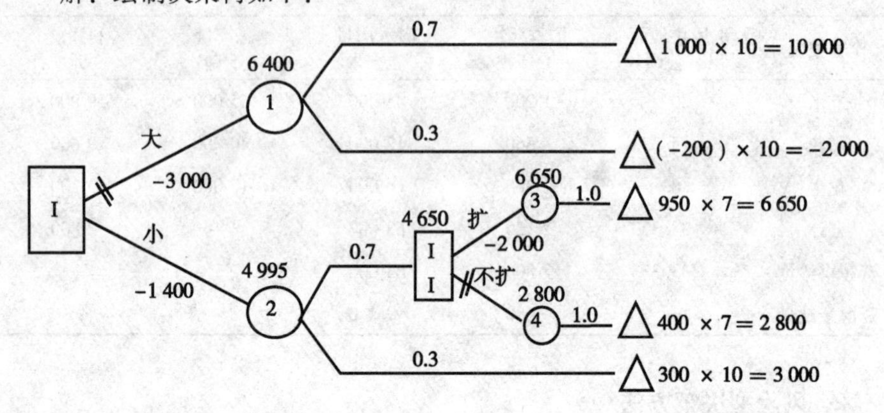

点③：1.0×6 650 = 6 650

6 650 - 2 000 = 4 650（万元）

点④：1.0×2 800 = 2 800

点②：0.7×（400×3 + 4 650）+0.3×3 000 = 4 995

4 995 - 1 400 = 3 595（万元）

点①：0.7×10 000 + 0.3×（-2 000）= 6 400

6 400 - 3 000 = 3 400（万元）

方案选择：选择先建小厂，3 年后销路好再扩建为大厂的方案。

3. 不确定型决策方法

如果决策问题涉及的条件中有些是未知的，对一些随机变量，连它们的概率分布都未知，这类决策问题被称为不确定型决策。这类决策方法由于决策者对效益和损失的兴趣、侧重程度不同，对决策风险的态度也不同，形成了不同的决策标准和风格，从而产生了各种不同的决策方法。常用的不确定型决策的方法有以下 3 种。

（1）乐观原则。决策者对未来持乐观态度，认为未来会出现最好的情况。决策时，对各种决策方案都按它带来的最高收益考虑，然后比较哪种方案的最高收益最高。

（2）悲观法则。决策者对未来持悲观态度，认为未来会出现最差的情况。决策时，对各种决策方案都按它带来的最低收益考虑，然后比较哪种方案的最低收益最高。

（3）最小最大后悔值法。决策者在选择了某方案后，若事后发现客观情况并未按自己预想的发生，会为自己事前所做的决策后悔，由此产生了最小最大后悔值决策方法，其计算步骤如下。

①计算每个方案在每种情况下的后悔值，定义为：

后悔值 = 该情况下的个方案中的最大收益 - 该方案在该情况下的收益

②找出个方案的最大后悔值。

③选择最大后悔值中最小的方案。

［例3－3］某决策矩阵如下：假设某工厂准备生产一种新产品，但是对市场需求量的预测只能大致估计为销路好、一般、销路差3种情况，而对每一种情况出现的概率无法估计。工厂为生产这种产品设计了3个方案，根据计算，各个方案损益值如表3－3所示。

表3－3　4个方案的损益值

项目	销路好	一般	销路差	最大收益
大批量	120	50	-20	120
中批量	85	60	10	85
小批量	40	30	20	40

解：

（1）乐观准则：认为将来情况一定很好，因此，做最好的打算，在各方案的最大收益中选择一个收益最大的方案。因此，选择方案大批量。

（2）悲观准则：认为将来的情况不尽如人意，因此，做最坏的准备，在各方案的最小收益中选择一个相对较大的方案。因此，选择方案中批量。

（3）最小最大后悔值法：后悔值矩阵如下（表3－4）。

表3－4　后悔值矩阵

项目	销路好	一般	销路差	最大后悔值
大批量	0	10	40	40
中批量	35	0	10	35
小批量	80	30	0	80

选择最大后悔值中最小的方案，所以，选择方案中批量。

二、农业企业产品结构调整

（一）农业企业产品结构调整的依据与原则

1. 农业企业产品结构的内涵

产品结构指企业从事生产经营活动中不同产品类型之间所占的比重和相互关系的总和。农业企业是从事农业商品性生产经营或服务，实行自主经营、独立核算、自负盈亏的经济组织。农业企业产品结构的内涵可以概括为涉农企业生产经营活动中不同产品类型之间的质和量的组合比例关系。正确理解农业企业产品结构的内涵须把握以下几点内容。

(1) 从农业生产结构来看，农产品主要来自农、林、牧、副、渔五大产业。狭义的农业即种植业，包括粮食作物、经济作物、饲料作物和绿肥等。其中，粮食作物主要分为谷类作物、薯类作物和豆类作物；经济作物有纤维作物、油料作物、糖料作物、饮料作物、可可嗜好作物、药用作物、热带作物。林业包括天然林、人工林、用材林、薪炭林、经济林和主要用于环境保护的林种（生态林和产业林）。畜牧业包括肉类如猪肉、牛肉、羊肉、禽肉等畜产品，还有奶类、蛋类及羊毛。渔业包括鱼类、虾蟹类、贝类和藻类等。副业包括农、林、牧、渔四大类产品加工品和副产品。

(2) 从农产品在国际市场上竞争能力来看，划分为不同的类别。第一类：外贸竞争力较强的产品。例如，“食用蔬菜、根及块茎”，“咖啡、茶及调味香料”，“鱼肉、甲壳、软体动物及其他无脊椎动物制品”以及“蔬菜、水果及植物其他部分的制品”等；第二类：外贸竞争力次强的产品。例如，“活动物”、“肉及食用杂碎”、“谷物、粮食制品”以及“蚕丝”；第三类：外贸竞争力一般的产品。例如，“乳品、蛋品、天然蜂蜜及其他食用动物产品、其他植物纺织纤维、纸纱线及其机织物”；第四类：外贸竞争力较差的产品例如，“动植物油、脂及其分解产品”等；第五类：外贸竞争力很差的产品。例如，“谷物”、“食糖”、“棉花”及“羊毛，动物毛类产品”等。

(3) 从农产品结构总体特征来看，我国农产品结构突出表现为“四多四少”。主要表现为大路产品多，优质产品少；低档产品多，高档产品少；普通产品多，专用产品少；原料产品多，深加工产品少。其中，具有比较优势农产品可以分为两类：一类是在国内生产条件高、需求前景广阔、商品化程度较高，但在国际市场上竞争优势不明显的农产品，主要是优质专用小麦、加工专用玉米、优质大豆、棉花、糖料、牛奶、果汁。另一类是有生产传统、国内市场需求潜力大、在国际上有价格竞争优势的农产品，主要有猪牛羊肉、禽肉、水产品、蔬菜、花卉、水果。

2. 农业企业产品结构调整的依据

农业企业产品结构调整既要考虑企业外部环境，又要分析企业内部条件。其调整依据主要有以下几种。

(1) 企业外部环境。企业应根据国民经济发展规划、国家产业政策、企业主管部门的指导性计划和企业定购合同确定企业产品结构调整的范围。当前，我国农产品结构调整正由适应调整向结构战略性调整转变，国家正在逐步完善农产品质量安全体系和检验检测体系，并出台市场准入制度，发展优质、专用、无公害农产品已成为农业企业适应国内需求变化、提高国际市场竞争、提高企业素质和效益的关键。农业企业应按照国家产业政策的调整，在产业政策调整的大方向范围内结合自身生产条件确定产品经营调整范围和领域。

（2）企业内部条件。企业应充分考虑自身拥有的实力状况，重点要结合所具备的人的素质生产技术能力、财务状况、销售能力、经营管理能力、新产品开发能力、市场占有率、市场覆盖率等情况来确定产品结构调整的条件。同时，要突出技术创新，加快企业技术进步。企业应根据自身技术发展水平、发展条件和本行业产品技术发展趋势确定企业产品结构调整的升级能力。要结合企业的机器设备和工具状况进行更新改造，按照工艺发展动态有计划、有步骤地进行生产工艺改进，依据生产成本的大小进行能源和原材料的改造，从而推动企业技术进步，为产品结构优化升级提供技术支撑。

（3）企业资源条件。企业应根据所处的自然资源和经济资源优势，确定企业产品结构调整的市场优势。而农业自然资源和社会资源由于区域不同呈现明显的差异性，因此，依据比较利益理论和要素禀赋理论指导农业企业产品结构调整具有重要意义。企业进行产品结构调整要充分考虑自然、社会、技术资源状况，使资源得到充分利用，才能发挥产品的市场竞争优势。自然资源包括大气、土地、水域、生物、农用能源与矿物等。社会资源主要包括农村人口、劳动力资源、经济地理位置与交通运输条件；工业、城镇条件；农业技术资源与技术装备设施；市场经济及经济管理和农业科技等信息资源；农业生产和农村经济原有基础的水平和条件；农业资金条件等。调整企业产品结构就是让农业企业生产在最适宜的条件下进行，使资源得到合理利用，提高产品的产量和品质，从而发挥企业在市场竞争中的优势。

（4）企业产品市场需求状况。企业应根据自身产品面对的市场供求来判断企业产品结构是否调整。应结合企业发展战略和经营目标，依据产品市场供求状况、产品价格、市场环境和生产要素的来源及其流动的可行性确定产品结构调整的方向。要高度重视产品市场引力作用，重点考察企业资金利用率、销售增长率、市场容量、产品在国计民生中的重要程度、产品寿命周期、企业竞争实力等要素。在产品市场引力可能达到的情况下，还要考虑其他社会化服务条件，按照市场需求变化及时调整产品生产方向，确保产品有稳定的市场销路。

（5）企业经济效益。企业应根据产品调整能取得的经济效益的大小来确定产品结构调整的可行性。经济效益是企业经营的重要目的，企业的一切经营行为都要围绕经济效益来进行。在满足社会需要的同时，自身也要获得较好的效益。如果产品结构调整前与调整后的经济效益没有明显差别，说明调整没有达到预期目的，因此，在产品结构调整前必须对调整方案进行充分的科学论证，按照可能实现经济效益量的大小确定产品调整方案，进而实现企业经济效益、社会经济效益和生态效益同步的目标。

3. 农业企业产品结构调整的原则

农业企业要取得预期的利润，必须在遵循市场需求的条件下不断的调整产品结构，但是企业调整产品结构应遵循相应的原则。其遵循相应的原则如下。

(1) 资源优势原则。农业企业经营要从本地区、本单位的实际出发，充分利用本地区自然、经济、技术等方面的优势和有利条件，注重结合企业生产规模、市场区位、环境质量以及本企业拥有的资金、技术、人才等优势，选择和确定技术先进、商品率高、经济效益显著的产品项目，合理调整产品生产结构，以扬长避短、趋利避害，把地区与企业潜在的资源优势转变为企业经济优势，从而提高企业的劳动生产率，达到降低成本、增加盈利的目的。例如，处于粮棉主产区的农业企业生产基础较好，具有发展粮、棉、油等大宗产品生产的明显优势；处于大城市郊区的农业企业，应着力发展集生产、生态、文化、观光、教育等功能于一体的现代化都市农业等。

(2) 区位优势原则。农业企业经营行业不同，所处地域不同，靠近市场的远近不同，获取经济效益能力不同。因此，农业企业经营要注重依托地理区位优势，发展各具特色的产业、产品，逐步形成特色规模和专业化生产经营，进而开拓产品市场，做强做大企业。例如，处于沿海和经济发达区的农业企业，依靠毗邻港澳台及日、韩和东南亚市场，区位、资金和技术等比较优势明显，应着眼于发展外向型农业企业；处于长江三角洲地区的农业企业要重点发展具有明显比较优势的蔬菜、花卉、名特优水产品等产品；处于东南沿海地区的农业企业要以高标准设施化栽培和工厂化规模养殖为主，重点发展面向港澳台、东南亚和欧美市场的优质高档“菜篮子”产品，促进热带、南亚热带花卉、水果、中药材、名特优水产品生产；处于环渤海地区的农业企业要面向日、韩等东亚市场，着力开拓俄罗斯和欧共体市场，重点发展蔬菜、水果、海水养殖等产品。

(3) 科技创新原则。农业企业的根本出路在于科技。企业技术创新是新阶段农业企业产品结构调整的重要支撑。只有通过科技应用，才能提高企业产品的质量和安全性，增加产品的花色品种，增加产品的附加值，降低生产成本，扩大产品的市场占有率。农业企业产品结构调整要运用新兴实用农业技术改变传统的耕作和种养方式，发展水、地资源节约型和环保型的新型农业产品；充分抓住国家良种繁育、产品检验、病虫害防治等技术培训和推广的机遇，搞好企业职工科技培训，提高企业职工科技文化素质，加快推进企业技术进步；积极主动与大专院校、科研机构联系，及时引进最新农业科研成果和项目，提高企业产品科技含量。增加企业科技投入，抓好优良品种的引进、培育与开发，加快品种更新换代。加快高精尖人才引进，确保企业技术持续进步，保持企业旺盛的生命力。

（4）市场导向原则。农业企业产品结构调整必须适应市场供求变化。农业企业产品结构调整要以市场需求变化为导向，立足市场多样化、优质化的需求，着眼国内外市场，突出区域特色，选择市场前景广阔、生产潜力大的产业和产品，加大调整产品结构适应市场需求的力度。把产品调整的突破口着眼于拓展国际市场和提高产品的市场竞争力上，改劣质农产品为优质产品，减少普通产品增加特色产品，压缩过剩产品，发展短缺产品，靠品种、品牌打开国际、国内两个市场，靠科技发展特色、拳头产品，实现产销对接、物畅其流。同时，要按照“以销定产”原则，按照有无销路来确定调整产品种类，按销量的大小确定产品产量，否则将可能造成产品积压，资金周转困难，甚至生产中断。

（5）规避风险原则。其主要规避的风险主要有：一是市场风险。农业企业产品结构调整中，生产经营者生产出来的农产品能否顺利卖出不确定性，加入 WTO 后，这种不确定性陡增，由于我国分散的成千上万的市场主体受市场价格和利益的诱导，相互间缺乏信息联系，因竞争而排斥或缺乏合作，许多农业企业难逃市场“陷阱”；二是自然风险。农业企业产品结构调整与优化过程中，遭遇到的各种自然灾害（如洪涝、干旱、霜冻、冰雹、低温、阴雨、病虫害等）会给农业企业生产造成损失，轻则减产减收，重者劳而无获；三是资金风险。农业企业在产品结构调整时，由于资本存量过小，农村金融市场不完善，企业经常因为资本的制约而无力对产品结构进行充分调整；四是决策风险。产品结构决策过程中要对决策方案的投入与产出进行估算，使产品决策符合决策经济性原则，进而增强决策的确定性。

（6）可持续发展原则。企业产品结构调整应按照可持续发展的要求，使产品生产减少对环境污染和破坏，维护土地、大气和生物的自然平衡，积极发展无公害农产品、绿色食品，增强企业的产品竞争力。坚持国家农产品质量标准和市场准入制度，使产品顺利进入市场。特别是食品加工业，要把食品安全放在经营的第一位，树立良好的品牌形象。同时，产品结构调整要注重劳动力、土地和其他生产资料和农副产品的综合利用，达到物尽其用的目的，从而提高企业经济效益。

（二）农业企业产品结构的优化方法

农业企业产品结构的优化应符合最能有效利用本单位资源优势生产出经

济效益最佳的产品，并且尽可能的符合经营风险性较小和经营灵活性较大的要求。下面介绍几种产品结构的优化方法。

1. 资源优势与市场需求耦合法

资源优势分析是选择调整项目的基本依据，因为只有最有效的利用本单位的资源优势，才能产出品质优、成本低的产品。据此画出资源优势产品圈，找出本单位最适于生产的产品。市场需求分析是通过市场调查，预测市场需求变化，据此画出市场需求产品圈，找出本单位畅销产品。两者相重合处就是调整产品的选择空间。资源优势产品而非市场需求产品或者市场需求产品而非资源优势产品，都不应该成为本单位的需要调整的产品（图 3－1）。利用资源优势与市场需求耦合法时，还应注意经济效益分析、风险分析、灵敏度分析和灵活性分析。

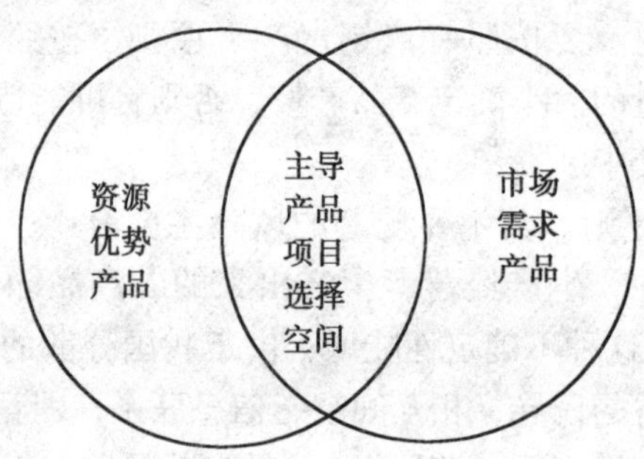

图 3－1　资源优势与市场需求耦合法图

（1）经济效益分析。在界定调整产品选择空间后，还需要运用经济效益分析法加以选优。通常是在估算产品项目投资额、经营成本、经营收益的基础上，计算投资报酬率、投资回收期等项指标，选出投资报酬率高、投资回收期短的项目作为调整的产品项目。对于投资与经营期限较长的产品项目，必须计算资金时间价值，借助净现值、内部收益率等指标进行评价，选出净现值大、内部收益率高的作为产品调整项目。

（2）风险性分析。除了进行经济效益分析，产品结构调整还需要考虑不确定性因素带来的风险。一是不确定型或风险型分析，依据决策者掌握信息的程度，对被选产品项目进行不确定型决策或风险型决策；二是风险强度分析，风险强度指不确定性因素导致经营盈亏波动的程度，波动度大表示风险强度大。通常用标准离差率来衡量，其计算公式为：

标准离差率（Q）＝标准离差（S）／期望值（E）

$$标准离差（S）=\sqrt{\sum_{i=1}^{n}(X_i-E)^2P_i}$$

$$期望值（E）=\sum_{i=1}^{n} P_i X_i$$

式中：P_i 为第 i 种机遇条件发生概率；X_i 为某种方案在第 i 种条件下的盈亏值。标准离差反映盈亏波动度，这一数值大，表示盈亏波动度大，风险强度高。在进行不同方案比较时，采用标准离差率，标准离差率是无量纲的纯数值，具有可比性，标准离差率小者为风险较小的方案。

（3）灵活性分析法。产品项目灵活性指一种产品经营项目占用的资源转移到另一种经营项目的灵活度。灵活度大意味着占用的资源易于由亏损项目转移到盈利项目，由效益低的项目转移到效益高的项目，能够实现资源的合理配置，调整产品结构，适应市场变化。灵活性分析主要从时间灵活性、设备灵活性、产品灵活性等多方面进行分析。

一是时间灵活性。它与产品项目生产周期的长度成反比。生产周期长，即资源占用时间长，转移资源的难度大，时间灵活性小。例如，林木、果树的时间灵活性小于农作物；多年生农作物时间灵活性小于一年生农作物；大家畜的时间灵活性小于小家畜。

二是设备灵活性。它与设备专用化程度成反比，专用化程度越高，则移作他用的灵活性越小。某种产品项目占用专用设备多，占用固定资金多，导致固定成本增加，保本点产量增加，不利于依据市场需求下降而缩小生产规模；实行停产、转产时，专用设备往往闲置而承担机会成本，占用的资金也难于转移到效益高的产品项目上。

三是产品灵活性。它与产品收获期弹性、耐藏性成正比。一般来说，鲜活农产品的收获期弹性小，并且不耐贮藏，应该及时收获销售，因而在销售价格、时间、空间、渠道等方面选择的灵活性小，容易遭受风险损失，收获期弹性大的产品（如苗木、立木）和耐贮藏的产品灵活性较大，可以在一定限度内调整收获或贮藏时间，选择在有利的时机以较高的价格销售产品，以减少市场风险损失。

2. 经营单位组合分析法

经营单位组合分析法是由波士顿咨询公司提出来的。其基本思想是：大部分企业都有两个以上的经营单位，每个经营单位都有相互区别的产品——市场片，企业应该为每个经营单位确定其活动方向。该方法认为：在确定某个单位经营活动方向时，应该考虑它的相对竞争地位和业务增长率两个维度。相对竞争地位经常体现在市场占有率上，决定了企业的销售量、销售额和赢利能力；而业务增长率反映业务增长的速度，影响投资的回收期限。企业经营业务的状况被分成4种类型（图3－2）。

（1）“瘦狗”型经营单位的市场份额和业务增长率都较低，只能带来很

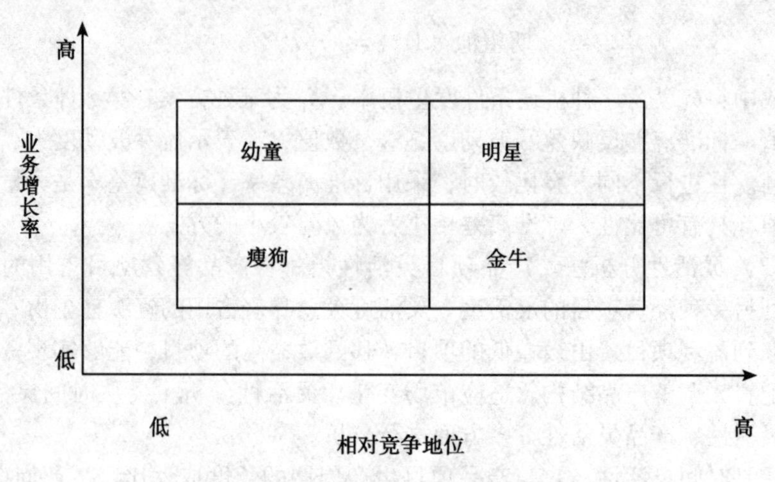

图 3－2　企业经营单位组合分析图

少的现金和利润，甚至可能亏损。对这种不景气的业务，应该采取收缩甚至放弃的战略。

（2）“幼童”型经营单位的业务增长率较高，目前市场占有率较低。这有可能是企业刚开发的很有前途的领域。高增长的速度需要大量资金，而仅通过该业务自身难以筹措。企业面临的选择是向该业务投入必要的资金，以提高市场份额，使其向“明星”型转变，如果判断它不能转化成“明星”型，应忍痛割爱，及时放弃该领域。

（3）“金牛”型经营单位的特点是市场占有率较高，而业务增长率较低，从而为企业带来较多的利润，同时需要较少的资金投资。这种业务产生的大量现金可满足企业经营的需要。

（4）“明星”型经营单位的特点是市场占有率和业务增长率都较高，代表着最高利润增长率和最佳投资机会，企业应该不失时机地投入必要的资金，扩大生产规模。

经营单位组合分析法的步骤通常如下。

①把企业分成不同的经营单位。

②计算各个经营单位的市场占有率和业务增长率。

③根据其在企业中占有资产的比例来衡量各个经营单位的相对规模。

④绘制企业的经营单位组合图。

⑤根据每个经营单位在图中的位置，确定应选择的活动方向。

经营单位组合分析法以“企业的目标是追求增长和利润”这一假设为前提。对拥有多个经营单位的企业来说，它可以将获利较多而潜在增长率不高的经营单位所产生的利润投向那些增长率和潜在获利能力都较高的经营单位，从而使资金在企业内部得到有效利用。

3. 通用矩阵法

通用矩阵法又称行业吸引力矩阵、九象限评价法，是美国通用电气公司设计的一种投资组合分析方法。通用矩阵法的基本原理是：首先，建立产品市场引力与企业实力的评价指标体系和各指标的标准值，并按一定标准分别将市场引力和企业实力分为高、中、低 3 个等级，将其组合成九个象限。然后，确定企业现有产品各评价指标的测算值，并依据每个产品的市场引力和企业实力评价等级及其组合状态，将产品绘入九象限图的特定位置，最后据此位置制定企业的产品结构优化战略（图 3－3、表 3－5）。

表 3－5 矩阵组合的战略选择

产业吸引力	业务实力	建议采取战略
高	高	增长；谋求居于主导地位；尽量扩大投资
中	高	找出适宜增长的细分市场；大力投资；在其他方面保持地位
低	高	维护总体地位；谋求流动资金；按维持水准投资
高	中	通过市场细分估测达到主导地位的潜力；找出弱点；巩固强项
中	中	找出适应增长的细分市场；专门化；有选择地进行投资
低	中	削减产品系列；尽量减少投资；准备放弃
高	低	专门化；谋求占据合适的市场小板块；考虑收购
中	低	专门化；谋求占据合适的市场小板块；考虑退出
低	低	信任领导者具有政治家才能；集中研究竞争对手中能产生现金的业务；及时退出和放弃投资

4. 线形规划法

线形规划法是当代用途最广泛的运筹学方法之一，它的主要特点是将一个问题分解为变量、目标和约束三要素，通过在约束下对变量求解，来求得所需的目标。线性规划法的基本原理及其步骤见本章第一节的相关内容。

三、选择适当的投资方向

（一）农业企业投资的特点与项目评估

1. 农业企业投资的特点

农业企业投资的特点是与农业生产本身密切相关的，农业生产具有环境资源约束性、生产劳动季节性以及劳动成果最终性等特点，与工业企业投资不同。农业企业投资有以下特征。

（1）综合性强。农业企业项目与周围的自然条件、生态环境联系更为紧密。常常是一业为主多种经营，植物、动物、微生物生产相互结合，农林牧副渔同时并举，能取得更好的经济效果。因此，农业企业投资评估中，既

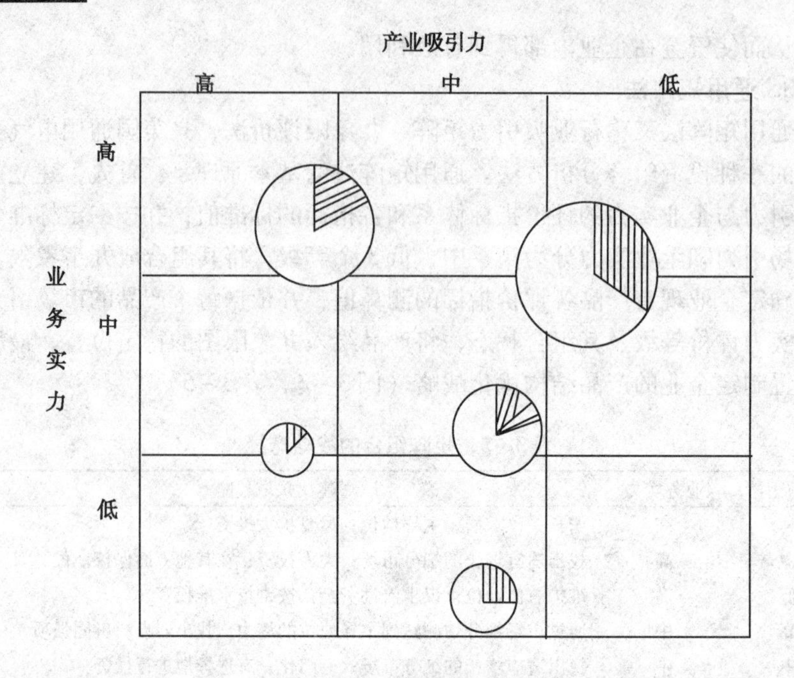

图 3-3　通用矩阵

要注意一个农业项目的独立性，又要考虑该农业项目与其他方面的关系，注意到它的综合性。

(2) 受资源的限制。尤其是土地，它是生产中不可代替、不可增量、不可搬移的重要生产资料，有许多项目受此限制。尤其在我国人多地少的情况下，任何一项农业项目的投资评估都要特别重视土地资源经济有效的利用。

(3) 投资效益不稳定性。农业再生产过程是社会经济再生产与自然再生产交织进行的过程，生产受自然因素，尤其是气候因素的变化影响较大，因此，农业项目投资的效益往往带有较大的不稳定性。

(4) 与农民利益紧密相关。许多农业项目的参加者是分散而独立经营的农户，这就增加了农业项目投资的复杂性与重要性。在农业项目投资评估中，既要注意项目投资能否给农民带来真正的利益，又要注意项目投资给国民经济带来的效益。

2. 农业企业投资项目评估的内容

投资项目评估要根据投资项目的具体情况、评估部门的要求等有重点地进行评估。

(1) 方案必要性的评估。这是评估首先要解决的问题，应认真审查方案可行性研究报告关于项目必要性的论证，并着重调查研究和评估以下内容。

①方案是否符合国家经济开发的总目标、开发规划和产业政策，是否有利于增强农村地区经济活力、促进农业可持续发展，项目在这方面起什么样的作用。

②方案是否有利于合理配置和有效利用资源，并改善生态环境。

③方案产品是否适销对路，是否符合市场的需求，是否有发展前途。

④方案投资的总体效益如何，尤其要看项目开发建设能否给农村地区经济发展和整个国民经济带来好的效益和大的贡献，从而判定项目投资建设的必要性。

（2）投资方案建设条件的评估。一个理论上分析研究认为很好的方案，如果所要求的条件不具备，项目仍然很难成功。因此，在评估中要重视方案条件的研究评价。主要内容如下。

①资源条件评估。着重评价项目所需资源是否落实，是否适合方案要求，有无利用条件和开发价值。

②项目所需投入物供应条件评估。着重检查评价项目建设所需的原材料、燃料、动力资源等是否有条件保质保量按方案要求及时供应，供应渠道是否通畅，采购方案是否可行。

③产品销售条件评估。这是保证项目效益实现的重要内容。要重点评价主要产业产品生产基地的布局是否合理，产品的销路如何，销售条件如市场、交通、运输、贮藏、加工等各方面的条件是否适应项目要求。

④技术条件评估。重点评价科技基础设施及科技人员力量的条件如何，农民文化程度及接受新技术的能力，能否适应项目所采用的新工艺、新技术、新设备使用方面的要求。

⑤政策环境条件评估。要着重评价国家对本项目内容有什么特殊优惠政策，项目开展有无良好的政策环境条件。

⑥组织管理条件评估。要着重评估项目组织管理机构是否健全、是否合理高效，项目组织方式是否合适，科技培训及推广措施是否落实，是否能为项目的顺利实施提供良好的组织管理条件。

（3）投资方案的评估。简单地说是指开发什么和如何开发的问题，详细地说它涉及项目的规模及布局、产业结构、技术方案、工程设计以及时序安排。主要着重评估以下内容。

①项目规模及布局评估。重点评价项目开发的格局及范围大小，布局的范围及其合理性，涉及多少农户，项目规模与项目具备的资源条件、技术条件等各种条件是否相适应。

②产业结构评估。重点评价项目的产业结构和生产结构是否合理，是否

符合产业政策，是否有利于增强农村经济发展的综合生产能力。

③技术方案评估。重点评价项目技术方案所采用的农艺、工艺、技术、设备是否经济合理，是否符合国家的技术发展政策，是否能节约能源，节约消耗并取得好的效益，是否符合农村实际情况。

④工程设计评估。重点是根据项目的要求，重点审查工程设计的种类、数量、规格、标准，进行不同设计方案的比较，作出设计合理性的鉴定。

⑤时序评估。重点应评估项目周期各阶段在时序上安排是否合理；项目的资金投入、物资设备采购及投放是否安排就绪、符合项目时间要求；项目实施的时间进度是否科学合理，达到最佳时间安排。

（4）投资效益的评估。投资效益评估是项目评估的核心内容，以上的许多评估内容也都是为了保证项目有好的效益，围绕着效益这一核心内容来进行的。项目投资效益评估主要着重以下方面。

①基本经济数据的鉴定。是效益评估的基本依据，一定要经过鉴定，确定其科学合理程度，例如，各项投入成本的估算，项目效益的估算，有无项目比较增量净效益的估算，基本经济参数如贴现率、影子汇率、影子工资等的确定是否科学合理。

②财务效益评估。重点评价项目建设对项目参加者带来的利益大小。例如，参加项目农民收入提高的状况，项目单位财务投资利润率、贷款偿还期、投资回收期、净现值及财务内部报酬率等，都应进行计算分析，评估其是否达到要求。

③经济效益评估。重点评价项目建设对整个国民经济带来的利益大小。如有限资源是否得到了合理有效的利用，经济净现值、经济内部报酬率是否达到要求。

④社会生态效益评估。农业投资项目，既要注意各种资源如土地、水、气候等各种资源的开发利用，又要特别注意生态效益。因此，必须结合具体项目的目标和内容，选择适当的指标，例如，就业效果、地区开发程度、森林覆盖率、水土保持等指标，进行分析评价。

⑤不确定性及风险分析评价。农业投资项目受自然及社会的制约，涉及不确定性因素较多，风险也比较大，使得项目投资的效益不稳定。在评估中，一个项目的可行与否，应对其敏感性进行分析。

（5）对有关政策和管理体制的建议。评估中在完成以上分析评价的同时，会涉及有关的政策和体制问题。农业是国民经济的基础，是国家重点发展的产业，因此有相应的扶持政策。农业投资项目如何利用这些政策，还应作什么修改和补充，以利于项目的顺利进行，评估中应对此提出建议。例如，物资供应政策、价格政策、产品收购政策、补贴、利率、税收政策、资源开发政策、产业发展政策、管理体制等，都应作出评价和建议。

（6）评估结论。在完成以上评估内容后，要综合各种主要问题作出项目总评估，并提出结论性意见。

（二）农业企业投资决策的程序与评价方法

1. 农业企业投资决策的程序

投资决策过程一般包括以下几个阶段。

（1）明确投资决策的目标。目标体现的是组织想要的结果，所以投资决策的第一步就是明确目标。我们通常用货币单位来衡量利润和成本目标。

（2）提出可供选择的投资方案。投资方案是根据投资的需要来提的。在这个阶段，管理人员应当解放思想，依靠专家和群众，集思广益，还应当有一定的奖励制度，鼓励人们提出好的方案。

（3）收集和估计有关的信息和数据。投资决策的依据是信息和数据，所以投资方案提出来之后，必须要收集和估计评价方案所需的信息和数据。只有所收集和估计的信息和数据是准确、可靠的，作出的决策才可能是正确的。

（4）对投资方案进行评价，从中选择最优方案。根据收集和估计的有关信息和数据对不同的方案进行评价，以便选出最有利于实现企业目标的方案。由于因投资而引起的费用和效益往往是在不同的时间上发生的，因此，评价投资方案对企业价值的影响，应该在计算货币的时间价值的基础上进行。具体的评价方法有两种，第一种投资评价方法（即非贴现的现金流量分析法）未考虑货币的时间价值，由于使用方便，人们最常用；第二种投资评价方法（即贴现的现金流量分析法）考虑货币的价值，主要有净现值法和内部回报率法。

（5）对方案的实施情况进行监控。最优投资方案选出之后，就要付诸实施。在实施过程中，要对实施情况进行监控。这里包括3项工作内容：①把实际完成情况与预期的数据进行比较，看其是否有偏差；②分析和解释出现这些偏差的原因；③根据找出的原因，对正在实施的投资方案采取必要的措施或对以后的投资决策提出改进意见，以保证企业目标的实现。

2. 农业企业投资决策的评价方法

（1）非贴现的现金流量分析法。这类分析法不考虑资金时间价值，因而称静态分析法。常用的方法有投资回收期法和平均投资报酬法。

①投资回收期法。投资回收期是指回收初始投资所需要的时间，投资回收期越短，投资方案越好。计算公式如下：

投资回收期（年）＝初始投资总额÷每年净现金流量

②平均投资报酬法。平均投资报酬率是指在投资项目寿命周期内平均每年净现金流量与初始投资总额的比率。当投资报酬率高于企业预期的投资报酬率时，投资方案才能采纳，反之则应拒绝，在比较不同方案时，则应选择平均投资报酬率最高的方案。计算公式如下。

平均投资报酬率 =（平均每年净现金流量 ÷ 初始投资总额）×100%

（2）贴现的现金流量分析法。这类分析方法考虑了资金时间价值，也称动态分析法。常用的方法有净现值法和内含报酬率法。

①净现值法。净现值是指投资项目投入使用后的净现金流量，按资金成本率或企业要求达到的投资报酬率折算为现值，减去初始投资总额以后的余额。计算公式如下：

$$NPV = \sum_{t=0}^{n} \frac{NCF_t}{(1+K)^t} - C$$

式中：NPV 为净现值；NCF_t 为第 t 年的净现金流量；K 为贴现率（资金成本或企业要求的报酬率）；n 为项目预计使用年数；C 为初始投资总额。

净现值还有另外一种表述方法，既净现值是从投资开始到项目寿命终结时所有一切现金流量（包括现金流出和现金流入）按一定贴现率折算成现值之和。计算公式如下：

$$NPV = \sum_{t=0}^{n} \frac{(CI - CO)_t}{(1+K)^t}$$

式中：CI 为现金流入量；CO 为现金流出量；$(CI-CO)_t$ 为第 t 年的净现金流量。

计算结果，如果净现值为正值，说明该投资方案的投资报酬率大于贴现率，项目有盈余，投资是有利的，可以采纳；如果为负值，则投资计划无盈余，方案有待改进或不可取。在几个投资方案供比较选择时，净现值为正值，越大，说明项目经济效益越高。

净现值法考虑了资金的时间价值，能够反映投资方案的净收益，是一种应用较为广泛的评价方法。但它不能直接指出各个投资方案可能达到的投资报酬率。

②内含报酬率法。内含报酬率又称内部收益率，是投资项目以现值为基础计算的投资报酬率。通常是指投资项目在使用期内的净现值等于初始投资额时的贴现率，或者投资项目在建设期和使用期内的净现值（NPV）等于零时的贴现率。

$$\sum_{t=0}^{n} \frac{NCF_t}{(1+R)^t} - C = 0$$

式中的 R 就是内含报酬率。其计算方法是通过反复测算，找到净现值由正到负并且接近于零的两个邻近的贴现率，然后用插值法计算出内含报酬率。计算公式如下：

$$R = R_1 + [V_1 \times (R_2 - R_1)]/(V_1 - V_2)$$

式中：R 为内含报酬率；R_1 为净现值为正数时的贴现率；R_2 为净现值为负数时的贴现率；V_1 为贴现率为 R_1 时的净现值；V_2 为贴现率为 R_2 时的净现值。

在投资决策中，如果计算出的内含报酬率大于企业的资金成本或预期的投资报酬率，则说明投资有利，方案可以采纳；反之，则应拒绝。在比较选择几个不同的方案时，应该选择内含报酬率超过资金成本或预期投资报酬率最多的投资方案。

与净现值相比，内含报酬率法的优点是比较直观，便于分析应用，容易理解，计算时不必事先确定一个贴现率。内含报酬率法考虑了资金时间价值，反映了投资报酬率，但计算较为复杂。

案例分析

XX 股份有限公司投资决策分析

在 XX 股份有限公司刚刚创立时，经营方向面临着多项选择：房地产、商业、药业、农业，XX 股份有限公司选择了后者，为什么？

(1) 社会环境分析。数年前，我国人民生活水平正在向小康水平过渡，粮食需求开始呈下降趋势，城镇居民的食物需求开始向质量型靠近，具有高营养价值的农副水产品需求正在呈上升趋势。基于这种发展趋势，XX 股份有限公司决策者开始关注此种现象。

在人均收入达到高水平之前，人们对食物的需求随着收入的增长而增长，在人均国民收入达到中等水平时，食物需求增长率达到极限。以后，随着收入的增长，食物需求增长率开始下降。一般而言，随着收入的增长，增长的收入首先用于满足在低收入水平时尚未满足的食物需要，在中等收入水平时，则开始主要用于改善食物质量、增加动物性食物的消费量。尽管目前我国城镇居民的人均收入还没有达到中等水平，但已经向这种水平下的食物需求特征过渡。

改革开放以来，我国城镇居民人均收入逐年提高，这为从温饱向小康过渡的中国人开始追求生活质量、追求高营养的食物消费创造了条件。XX 公司正是看到了这一发展趋势，毅然决定主攻农副水产品的种养、加工与销售业务。

(2) 对政策的把握。政策是一个大背景，任何决策如果得不到政策的支持，便很难实现既定目标。XX股份有限公司成立于1992年。20世纪90年代初，我国正处在“关贸热”的大讨论中。作为企业，此时主营业务的决策，就不得不从战略高度来考虑“入关”问题对公司今后发展可能带来的影响，而当时农产品谈判问题已成为乌拉圭回合能否按时取得成功的关键性议题。1986年中期，欧共体的剩余粮食为3 600万吨，而美国积压已达18 200万吨。1987年，美国和欧共体各自对农产品的补贴都超过250亿美元，庞大的补贴数额对双方都是沉重的负担，尤其是对连年财政赤字的美国政府更是难以承受。为了保证谈判的胜利，美国在“乌拉圭回合”开始不久，便以低于国际市场的价格，向原苏联和中国出售了一批粮食和蔗糖，这实际上是对欧共体的警告，即如果欧共体不答应就农产品补贴问题进行谈判，堆积如山的美国剩余粮食就会像潮水一样涌进共同体的传统市场，把共同体的农产品挤出去。“乌拉圭回合”农产品谈判向全世界预示了今后对农产品的支持和保护措施必将得到实质性减少。

中国是一个人口大国，根据专家预测和我国粮食贸易实际走势，可以认为中国粮食贸易总的趋势是进口比重大于出口比重，然而，由于我国粮食价格总体上高于国际市场价，加入“世贸”以前，还能受惠于国家农产品的贸易保护政策，加入“世贸”后，根据“乌拉圭回合”的结果，各国对农产品的支持和保护措施实质性减少，外国粮食的进入必将导致国内粮价的下跌，粮食市场冲击较大而粮食饲料成本降低，养殖业无疑受惠其中。

(3) 经济地理分析。XX股份有限公司最初成立是在沈阳，而主营业务基地却选在湖北的洪湖市，这一跨省市的操作行为在常人看来有些不可思议。

在国际经贸地理中，内陆淡水渔业亚洲较为发达，其中以中国产量居高，而中国又以长江、淮河流域为淡水渔产业最发达地区。湖北省是著名的“千湖之省”、“水乡泽国”，淡水可养殖面积约占全国淡水可养殖面积的1/10，水产品产量常居全国第二位。而湖北的交通地理又十分有利，号称中国腹地的水陆交通枢纽，素有“九省通衢”之称。

进一步细分，尽管当时的鄱阳湖和洞庭湖已形成淡水渔业基地，但由于盲目围垦和水质污染，致使其天然渔场受到破坏，而洪湖地区当时正处在待开发、并且是全国唯一一处没有被污染的淡水湖基地。仅无污染一说，就已经揭示出洪湖地区的经济发展前景。20世纪70年代兴起的绿色食品浪潮已得到全世界的认同。1992～1998年美国市场的绿色食品销售额以年均22%的速度增长，远远超过普通食品，目前绿色食品的销售量在国际食品市场的总规模中仅占1%，前景十分广阔。“绿色食品”日益为人们所认识，其

"绿色"资源的稀缺性，价值远胜过黄金。

（4）波士顿矩阵分析。按波士顿矩阵法分析，在XX股份有限公司诸业务的投资组合中，其主营业务正处在明星产业，固然应采取扩张策略。而其他业务却可能处在金牛区、幼童区甚至是瘦狗区，理应采取削减策略，至多采取维持策略。

XX股份有限公司最初决策农副水产品时已经有房地产开发、制药、酒店、商场等业务。1992年正值房地产高潮，很多房地产公司都在这时上马，然而1993年、1994年、1995年三年，恰逢中国通货膨胀时期，受冲击最大的也正是房地产业，连续四年，该行业处于亏损状态。就区间考察，在波士顿矩阵中，房地产业是处在接近瘦狗象限，因此，就1992年的发展战略看，房地产业已不适于扩张策略。而当时公司的酒店、商场和制药业无论在市场占有率和业务增长率与同行业比较，也没有明显的竞争优势，营业利润不大，在波士顿象限中多是处在弱金牛区或幼童区。因此，XX股份有限公司在决策中仅仅是维持原有规模，而不增加任何投资。农副水产品业务却一直保持着高速发展的势头，从市场占有率看，XX股份有限公司的全部水产品均能在市场兑现，而主营业务增长速度更是惊人，净利润连续三年以116%、140%、153%的速度递增，这正是明星区域的最突出特征。

第四章

农业企业如何进行要素管理

【引导故事】分橙子

有一个妈妈把一个橙子给了邻居的两个孩子。这两个孩子便讨论起来如何分这个橙子。两个人吵来吵去，最终达成了一致意见，由一个孩子负责切橙子，而另一个孩子选橙子。结果，这两个孩子按照商定的办法各自取得了一半橙子，高高兴兴地拿回家去了。第一个孩子把半个橙子拿到家，把皮剥掉扔进了垃圾桶，把果肉放到果汁机上打果汁喝。另一个孩子回到家把果肉挖掉扔进了垃圾桶，把橙子皮留下来磨碎了，混在面粉里烤蛋糕吃。两个孩子各自拿到了看似公平的一半，然而，他们各自得到的东西却未物尽其用。

这个小故事帮助我们理解，资源的合理配置能实现企业的持续发展和资源的永续利用。

农业企业的要素是农业企业从事生产经营活动的基本条件。农业企业要素是指直接或间接为农业企业经济活动服务的生产要素，具体包括土地、物资、人力资源、技术以及资金等。通过企业具体的经营要素分析，可以发现企业的发展机会，扬长避短，充分发挥自身优势。

一、农业企业土地资源管理

土地资源对人类是至关重要的。土地是人类赖以生存和发展的物质基础，是社会生产的劳动资料，是农业生产的基本生产资料，是一切生产和一切存在的源泉。土地对于农业生产具有特殊的重要意义和作用。它在农业生产中的作用在于：为农业生产提供生产经营活动的场所；为作物制造、贮存和输送生长、发育所需要的养分；充当劳动对象和劳动手段。

（一）土地资源的特征

土地资源是在目前的社会经济技术条件下可以被人类利用的资源，是一个由地形、气候、土壤、植被、岩石和水文等因素组成的自然综合体，也是人类过去和现在生产劳动的产物。因此，土地资源既具有自然属性，也具有社会属性，是“财富之母”。

1. 土地资源的自然特征

土地是自然历史形成的，具有以下自然特性。

(1) 土地面积的有限性。土地是自然历史过程的产物，土地的面积受到地球表面积的限定，在地球陆地大小不变的情况下，土地资源的数量是有限的。人类的生产活动和先进的科学技术，只能影响土地的形态，而不能创造土地、消灭土地，或用其他生产资料来代替。因此，农业企业在经营管理中必须使有限的土地得到充分利用，不断提高集约化水平，使有限的土地产出更多的农产品，以满足整个社会的需要。

(2) 土地位置的固定性。其他生产资料可以根据生产的需要，不断地变换位置或搬迁。而土地不能移动，一旦形成，位置就相对固定。不同位置的土地具有特定的气候、土壤、水文、地貌等自然条件和不同的社会经济条件，其开发利用的形式和效益必然不同。

(3) 土地质量的差异性。其他生产资料是按统一规定的标准设计制造的，只要原材料相同、技术条件一致，其质量基本上是相同的。而土地是自然生成的，不同的地块所处的地形、地貌不一，气候、水文、土壤、地质状况也有很大差异。因此，农业企业的生产经营活动必须从企业自身条件出发，结合土地的自然经济条件，因地制宜地利用土地，宜农则农、宜林则林、宜牧则牧、宜渔则渔。

(4) 土地永续利用的相对性。其他生产资料在使用过程中会被磨损、消耗，最后丧失其效能而报废。土地在作为农业生产资料被利用的过程中，土壤养分和水分虽然不断地被植物吸收、消耗，但通过施肥、灌溉、耕作、作物轮作等措施，可以不断地得到恢复和补充，从而使土壤肥力处于一种周而复始的动态平衡之中。所以，土地只要合理利用，用养结合，地力不仅不会下降，反而会有所提高。当然如果利用不科学，就会发生沙化、盐渍化，肥力衰退，生产率大大降低。

2. 土地资源的经济特性

土地的经济特性是人类对土地开发利用过程中产生的，在人类诞生之前尚未对土地进行利用时，这一特性是不存在的。

(1) 土地供给的稀缺性。土地数量的有限性决定了土地供给上的稀缺性。土地供给的稀缺性和人类在进行农业生产时对土地投入的劳动量，决定了土地供给是有价值的。不同区位的土地稀缺程度和人类投入的劳动量不同决定了不同区位的土地价格存在明显的差异。稀缺程度对土地价格差异的影响更大。

(2) 土地用途的多样性。土地的使用价值有很多种，可以用作农业耕地、工业建设用地、住宅用地等。由于这一特性，对一块土地的利用，常常同时产生两种以上用途的竞争，并可以从一种用途转换到另一种用途。这种竞争常使土地趋于最佳用途和最大经济效益。人们在利用土地时，考虑到土地的最有效利用原则，使土地的规模、利用方法等均为最佳。

(3) 土地利用方向变更的困难性。土地一旦进入实用就很难再做调整。例如，已经建设好的工业厂房用地，短时期内不可能再进行农业耕种。土地利用的变更需要较长的时间，具有一定的难度。在编制土地利用规划确定土地用途时，要认真调查研究，充分进行可行性论证，以便作出科学、合理的决策。

(4) 土地增值性。土地是可再生资源，在土地上追加投资的效益具有持续性，而且随着人口增加和社会经济的发展，对土地的投资具有显著的增值性。

(5) 土地报酬递减的可能性。土地利用报酬递减规律，是指在技术不变、其他要素不变的前提下，对相同面积的土地不断追加某种要素的投入所带来的报酬的增量（边际报酬）迟早会出现下降。虽然现代科学技术不断发展，但是土地报酬递减规律对土地的集约化利用会产生一定的影响。

(6) 区位的效益性。土地区位利用有 3 个原理：农业区位理论、工业区位理论和中心地理理论。区位理论说明土地区位的合理利用会产生较好的经济效益。土地区位效益的实质也就是“位置级差地租”，即由于土地距离产品消费中心位置不同而导致土地利用纯收益的差异。好的区位规划会带来较大的经济效益。

(7) 土地利用后果的社会性。土地的合理利用能够促进人类社会健康发展，有利于社会经济的发展。反之，则阻碍经济的发展。土地所承接的经济活动的合理配置有助于提高土地利用价值，土地利用结果具有正面积极的作用。土地的合理利用会对整个社会产生积极的影响。

(二) 土地资源管理的原则

社会主义制度下，农业企业土地资源管理的原则，应保证其最终目的即最大限度地提高土地资源利用率和产出率。应遵循以下原则。

1. 维护社会主义土地公有制的原则

社会主义国家的土地是公有的，国家为了社会公共利益的需要，可以依法对农民集体所有的土地实行征收，但必须依照法律规定的程序和条件行使，并对被征地单位进行适当补偿。被征地单位必须服从国家需要，不得妨碍和阻挠土地征收。

2. 合理开发利用土地的原则

这是提高土地生产力，改善土地生态环境的关键。一方面，要严禁盲目毁林开荒、围湖造田等短期行为，做到生态、经济、社会三效益的统一；另一方面，要采取有效措施，合理利用、保护、改良土地，增加对土地的投入，加强对土地的经营管理，避免掠夺式经营，防止土地资源退化。

3. 集约节约利用土地的原则

由于土地面积有限，我国人地矛盾十分突出，集约节约用地的原则更有其特殊重要性。为此，国家建设和城乡建设必须集约节约利用土地，严格遵照国家规定的审批权限和程序履行征地审批手续，严禁多征、早征，以免浪费土地。农村居民住宅建设、乡镇企业建设等也都应严格执行审批手续，制定乡（镇）建设用地控制指标，严格控制用地面积。

4. 重视土地的权属管理原则

一般说来，农业企业及其他经营单位都必须首先承认农民集体对土地的所有权，尊重和维护他们的利益，尊重他们对土地经营的要求；其次，要坚持和维护自身的土地承包权、使用权，实现自主经营，获取自身应得的利益。农民集体组织，则应尊重和保证企业或其他经营者的承包权、使用权，以稳定土地经营的顺利有效地进行。此外，企业经营使用的土地中，如果有争议的权属关系，应持慎重态度，尊重有关方面的意见，通过协商，依法合理地解决争议，明确权属关系。

（三）土地资源管理的内容

1. 土地权属管理

所谓土地权属管理，是指国家保护土地所有者和使用者合法权益及调整土地所有权和使用权关系的一种管理，其中包括国家对土地所有权和使用权的必要限制。土地权属管理的中心环节是土地权属审核，就是根据申请者的申请书、权属证明材料和地籍调查成果，对土地所有者、使用者和他项权利拥有者所申请登记的土地权利进行确认的过程。审核的内容主要有：土地权属申请者的资格、土地权属来源、权属种类及性质、土地界址及范围、土地面积、用途等。要求达到“权属合法、界址清楚、面积准确”。审核主要有4个步骤：初审，提出登记的初审意见；复审，提出确权意见或处理意见；公告，土地管理部门将审核结果以公告形式公布于众；批准，审核表报人民政府批准。土地使用权、所有权权属发生变更或土地他项权利内容（出租权和抵押权）发生变更要进行变更登记。

2. 土地利用管理

土地利用管理是指国家通过一系列法律的、经济的、技术的以及必要的行政手段，确定并调整土地利用的结构、布局和方式，以保证土地资源合理利用与保护的一种管理。其主要内容有：农用地（含耕地、园地、林地、牧草地、养殖水面）、建设用地、未利用地开发、利用、保护以及对各类土地开发利用保护进行的管理。其目标是在保障土地可持续利用的前提下，不断提高土地利用的生态效益、经济效益和社会效益。

3. 土地经济管理

土地经济管理是指利用经济杠杆调控和协调各土地所有者和使用者之间的土地经济关系，涉及土地承包费和土地价值补偿等内容。土地承包费要以地租理论为依据，结合当地实际情况加以确定。土地承包费应包括 3 个方面的内容，即绝对地租、级差地租Ⅰ和比较级差地租。土地价值补偿是指土地的使用者对由于土地的连续投入，使土地的自然和经济条件得到改善，而形成的土地收益，亦称级差地租Ⅱ。正因为级差地租Ⅱ是土地使用者对土地追加投资进行集约化经营而形成的，而这部分级差地租的量的大小与土地上消耗的劳动以及投资数量密切相关，所以，为了鼓励土地使用者对土地的不断投入，级差地租Ⅱ应归土地使用者所有。故土地补偿价值的合理确定，应以级差地租Ⅱ为理论依据。

二、农业企业人力资源管理

现代企业人力资源管理是以企业人力资源为中心，研究如何实现企业资源的合理配置。它冲破了传统的劳动人事管理的约束，不再把人看作是一种技术要素，而是把人看作是具有内在的建设性潜力因素，看作是决定企业生存与发展、始终充满生机与活力的特殊资源；不再把人置于严格的监督和控制之下，而是为他们提供创造各种条件，使其主观能动性和自身劳动潜力得以充分发挥；不再忽视人才的浪费和权力的滥用，而应像为子孙后代造福而爱护自然资源一样珍惜爱护人力资源。要从以物为中心的管理转向以人为中心的管理，更加重视人力资源的开发，更加重视人力资源的投入，来提高人力资源的利用程度，实现企业核心竞争力与可持续发展的长远目标。

（一）人力资源的特征

人力资源是指在一定范围内的人口总体所具有的劳动能力的总和，或者说是指能够推动整个经济和社会发展的具有智力劳动和体力劳动能力的人们的总和，包括人力资源的数量和质量两个方面。对企业而言，人力资源的数量一般来说就是其员工的数量，人力资源质量最直观表现是人力资源或劳动要素的体质水平、文化水平、专业技术水平及心理素质水平、道德情操水平等。人力资源是一种特殊而又重要的资源，是各种生产力要素中最具有活力和弹性的部分，它具有以下几个基本特征。

1. 能动性

在价值创造过程中，人力资源总是处于主动地位，是劳动过程中最积极、最活跃的因素。人作为人力资源的载体，和自然资源一样是价值创造的客体，但同时它还是价值创造的主体。其能动性表现为能够自我强化、选择职业、积极劳动等。

2. 时效性

人力资源以人为载体，表现为人的脑力和体力，因此，它与人的生命周期紧密相连。人力资源的闲置是对人力资源的巨大浪费，有计划、有组织的适当运用人力资源，才能发挥人力资源的作用。

3. 增值性

人力资源是人所具有的脑力和体力。对单个人来说，体力不会因为使用而消失，只会因为使用而不断增强，虽然这种增强有限度；其知识、经验和技能也不会因使用而消失，相反会因使用而更有价值，即在一定范围内，人力资源不断增值，创造的价值会越来越多。

4. 社会性

人力资源是人所具有的体力和脑力，它明显受到时代和社会因素的影响，从而具有社会属性。社会政治、经济和文化的不同，必将导致人力资源质量的不同。

5. 可变性

人力资源是人所具有的体力和脑力，以人为载体，因此人力资源的使用就表现为人的劳动过程，而人在劳动过程中又会因自身心理状态不同从而影响劳动效果。所以，人力资源作用的发挥具有一定的可变性，相同外部条件下，人力资源创造的价值大小可能会不同。

6. 可开发性

教育和培训是人力资源开发的主要手段，也是人力资源管理的重要职能。人力资源因其再生性而具有无限开发的潜能与价值。人力资源的使用过程也是开发过程，可连续不断的开发与发展。

（二）人力资源管理的内容

人力资源源管理分为 6 个模块：人力资源规划、人员招聘与配置、培训与开发、薪酬管理、绩效管理以及劳动关系管理。

1. 人力资源规划

航行出海的船只都需要确立一个航标以定位目的地，同时需要一个有效的导航系统以确保它航行在正确的路线之上。人力资源管理也一样，需要通过制定人力资源规划以确定人力资源工作目标定位和实现途径。

(1) 人力资源规划的含义

人力资源规划是根据组织的战略目标，科学预测组织在未来环境变化中人力资源的供给与需求状况，制定必要的人力资源获取、利用、保持和开发策略，确保组织对人力资源在数量上和质量上的需求，使组织和个人获得长远利益。具体包含4层含义。

①人力资源规划的制定必须依据组织的发展战略、目标。

②人力资源规划要适应组织内外部环境的变化。

③制定必要的人力资源政策和措施是人力资源规划的主要工作。

④人力资源规划的目的是使组织人力资源供需平衡，保证组织长期持续发展和员工个人利益的实现。

(2) 人力资源规划的程序一般可分为以下几个步骤。

①收集有关信息资料。人力资源规划的信息包括组织内部信息和组织外部环境信息。组织内部信息主要包括企业的战略计划、战术计划、行动方案、本企业各部门的计划、人力资源现状等。组织外部环境信息主要包括宏观经济形势和行业经济形势、技术的发展情况、行业的竞争性、劳动力市场、人口和社会发展趋势、政府的有关政策等。

②人力资源需求预测。人力资源需求预测包括短期预测和长期预测、总量预测和各个岗位需求预测。

③人力资源供给预测。人力资源供给预测包括组织内部供给预测和外部供给预测。

④确定人力资源净需求。在对员工未来的需求与供给预测数据的基础上，将本组织人力资源需求的预测数与在同期内组织本身可供给的人力资源预测数进行对比分析，从比较分析中可测算出各类人员的净需求数。这里所说的“净需求”既包括人员数量，又包括人员的质量、结构，既要确定“需要多少人”，又要确定“需要什么人”，数量和质量要对应起来。这样就可以有针对性地进行招聘或培训，为组织制定有关人力资源的政策和措施提供依据。

⑤编制人力资源规划。根据组织战略目标及本组织员工的净需求量，编制人力资源规划，包括总体规划和各项业务计划。同时，要注意总体规划和各项业务计划及各项业务计划之间的衔接和平衡，提出调整供给和需求的具体政策和措施。一个典型的人力资源规划应包括：规划的时间段、计划达到的目标、情景分析、具体内容、制定者、制定时间。

⑥实施人力资源规划。人力资源规划的实施，是人力资源规划的实际操

作过程，要注意协调好各部门、各环节之间的关系。

⑦人力资源规划评估。在实施人力资源规划的同时，要进行定期与不定期的评估。

⑧人力资源规划的反馈与修正。对人力资源规划实施后的反馈与修正是人力资源规划过程中不可缺少的步骤。评估结果出来后，应进行及时的反馈，进而对原规划的内容进行适时的修正，使其更符合实际，更好地促进组织目标的实现。

2. 招聘与配置

人力资源管理要做到人尽其才，才尽其用，人事相宜，最大限度地发挥人力资源的作用。但是，对于如何实现科学合理的配置，这是人力资源管理长期以来亟待解决的一个重要问题。怎样才能对企业人力资源进行有效合理的配置呢？必须遵循如下的原则。

（1）能级对应原则。合理的人力资源配置应使人力资源的整体功能强化，使人的能力与岗位要求相对应。企业岗位有层次和种类之分，它们占据着不同的位置，处于不同的能级水平。每个人也都具有不同水平的能力，在纵向上处于不同的能级位置。岗位人员的配置应做到能级对应，就是说每一个人所具有的能级水平与所处的层次和岗位的能级要求相对应。

（2）优势定位原则。人的发展受先天素质的影响，更受后天实践的制约。后天形成的能力不仅与本人的努力程度有关，也与实践的环境有关，因此，人的能力的发展是不平衡的，其个性也是多样化的。每个人都有自己的长处和短处，有其总体的能级水准，同时也有自己的专业特长及工作爱好。优势定位内容有两个方面：一是指人自身应根据自己的优势和岗位的要求，选择最有利于发挥自己优势的岗位；二是指管理者也应据此将人安置到最有利于发挥其优势的岗位上。

（3）动态调节原则。动态原则是指当人员或岗位要求发生变化的时候，要适时地对人员配备进行调整，以保证始终使合适的人工作在合适的岗位上。岗位或岗位要求是在不断变化的，人也是在不断变化的，人对岗位的适应也有一个实践与认识的过程，由于种种原因，使得能级不对应、用非所长等情形时常发生。因此，如果搞一次定位，一职定终身，既会影响工作，又不利于人的成长。能级对应、优势定位只有在不断调整的动态过程中才能实现。

（4）内部为主原则。一般来说，企业在使用人才，特别是高级人才时，总觉得人才不够，抱怨本单位人才不足。其实，每个单位都有自己的人才，问题是“千里马常有”，而“伯乐不常有”。因此，关键是要在企业内部建立起人才资源的开发机制和使用人才的激励机制。这两个机制都很重要，如果只有人才开发机制，而没有激励机制，那么本企业的人才就有可能外流。从内部培养人才，给有能力的人提供机会与挑战，营造积极向上、努力奋进的良好气氛，是促成发展企业的动力。但是，这也并非排斥引入必要的外部人才。当确实需要从外部招聘人才时，我们就不能“画地为牢”，死死的扣住企业内部，而应放远眼光，结合本单位实际情况，公开择优招聘。

3. 培训与开发

培训开发指为促进公共部门组织目标实现，根据组织实际工作情况和员工发展需要，运用一定的形式和方法，有计划、有组织地对员工的知识、技能、能力和态度等所实施的教育、培养和训练活动。

建立有效的培训体系，需要做好两方面工作。

（1）培训需求分析与评估。拟定培训计划，首先应当确定培训需求。从自然减员因素、现有岗位的需求量、企业规模扩大的需求量和技术发展的需求量等多个方面对培训需求进行预测。对于一般性的培训活动，需求的决定可以通过以下几种方法。

①战略分析。通过探讨公司未来几年内业务发展方向及变革计划，确定业务重点，并配合企业整体发展策略，运用前瞻性的观点，将新开发的业务，事先纳入培训范畴。

②组织分析。对于组织结构、组织目标及组织优劣等也应该加以分析，以确定训练的范围与重点。

③工作分析。培训的目的之一在于提高工作质量，以工作说明书和工作规范表为依据，确定职位的工作条件、职责及负责人员水平，并界定培训的内涵。

（2）如何建立有效的培训体系。员工培训体系包括培训机构、培训内容、培训方式、培训对象和培训管理方式等。培训管理包括培训计划、培训执行和培训评估 3 个方面。建立有效的培训体系需要对上述几个方面进行优化设计。

①培训机构。企业培训的机构有两类：外部培训机构和企业内部培训机构。外部机构包括专业培训公司、大学以及跨企业间的合作（即派本企业的员工到其他企业挂职锻炼等）。一般来讲，规模较大的企业可以建立自己的培训机构，例如，摩托罗拉公司的摩托罗拉大学和明基电通的明基大学等。规模较小的企业，或者培训内容比较专业，或者参加培训的人员较少缺乏规模经济效益时，可以求助于外部咨询机构。

②培训对象。一般而言，对于高层管理人员应以灌输理念能力为主，参训人数不宜太多，采用短期而密集的方式讨论学习方法；对于中层人员，注重人际交往能力的训练和引导，参训规模可以适当扩大，延长培训时间，采

用演讲、讨论及报告等交错的方式，利用互动机会增加学习效果；对于普通的职员和工人培训，需要加强其专业技能的培养，可以以大班制的方式进行，不定期进行培训，以使员工专业技能进一步巩固和提升。

③培训方式。从培训的方式来看，有职内培训和职外培训。职内教育指工作教导、工作轮调、工作见习和工作指派等方式，职内教育对于提升员工理念、人际交往和专业技术能力方面具有良好的效果。职外教育指在专门的培训现场接受履行职务所必要的知识、技能和态度的培训，非在职培训的方法很多，可采用传授知识、发展技能训练以及改变工作态度的培训等。

④培训计划。员工培训的管理非常重要，有效的培训体系需要良好的管理作为保障。培训计划涵盖培训依据、培训目的、培训对象、培训时间、课程内容、师资来源、实施进度和培训经费等项目。

⑤培训实施。培训计划制定后，就要有组织计划的实施。

⑥培训评估。培训的成效评估和反馈是不容忽视的。培训的成效评估一方面是对学习效果的检验，另一方面是对培训工作的总结。

（三）薪酬管理

薪酬是企业为认可员工的工作和服务而支付给员工的各种直接的和间接的经济收入。员工的薪酬一般由 3 个部分构成：基本薪酬，企业根据员工所承担的工作或所具备的技能而支付给他们的较为稳定的经济收入；可变薪酬，企业根据员工、部门或团队、企业自身的绩效而支付给他们的有变动性质的经济收入；间接薪酬，给员工提供的各种福利，包括国家法定福利（五险一金）、企业自主福利等。

薪酬管理是指企业在经营战略和发展规划的指导下，综合考虑内外部各种因素的影响，确定薪酬体系、薪酬水平、薪酬构成和薪酬结构，明确员工所应得的薪酬，并进行薪酬调整和薪酬控制的过程。薪酬管理的原则包括以下几个方面。

1. 合法性原则

所谓合法性原则是指企业的薪酬管理政策要符合国家法律和政策的有关规定，这是薪酬管理应遵循的最基本的原则。

2. 公平性原则

公平是薪酬管理系统的基础，员工只有在认为薪酬系统是公平的前提下，才有可能产生认同感和满意度。因此，公平性原则是企业实施薪酬管理应遵循的最重要原则。公平性包括 3 个层次的公平：外部公平性、内部公平性、个人公平性。

3. 及时性原则

所谓及时性原则，就是指薪酬的发放应当及时。首先，薪酬是员工生活的主要来源，如果不能及时发放，势必影响正常生活；其次，薪酬是一种重要的激励手段，是对员工的一种奖励，这种奖励只有及时兑现，才能充分发挥其激励作用。

4. 经济性原则

经济性原则，是指企业支付薪酬时应当在自身可以承受的范围内进行，所设计的薪酬水平应当与企业的财务水平相适应。

5. 动态性原则

所谓动态性原则，是指公司整体薪酬结构以及薪酬水平要根据企业经营效益、薪资市场行情、宏观经济因素变化等因素适时调整，能适应企业发展和企业人力资源开发的需要。

（四）绩效管理

绩效是一个组织或个人在一定时期内的投入产出情况，投入指的是人力、物力、时间等物质资源，产出指的是工作任务在数量、质量及效率方面的完成情况。它具有多因性、多维性和动态性。多因性是指员工的绩效高低受多方面因素影响，主要有 4 个方面：技能、激励、机会、环境。多维性是指需要从多个不同的方面和维度对员工的绩效进行考评分析，不仅考虑工作行为还要考虑工作结果，如在实际中我们不仅要考虑员工产量指标的完成情况，还有考虑其出勤、服从合作态度、与其他岗位的沟通协调等方面，综合性地得到最终评价。此外，绩效多因性中的各种因素处于不断变化中，因此，绩效也具有动态性。

绩效管理是指各级管理者和员工为了达到组织目标共同参与的绩效计划制定、绩效辅导沟通、绩效考核评价、绩效结果应用、绩效目标提升的持续循环过程，绩效管理的目的是持续提升个人、部门和组织的绩效。绩效管理设计的主要流程包括以下 5 个阶段。

1. 准备阶段

（1）明确绩效管理的对象，以及各个管理层的关系。

（2）根据绩效考评的对象，正确的选择考评方法。

2. 实施阶段

（1）通过提高员工的工作绩效增强核心竞争力。

（2）收集信息并注意资料的积累。

3. 考评阶段

（1）考评的准确性。

（2）考评的公正性。

（3）考评结果的反馈方式。

（4）考评使用表格的再检验。

（5）考评方法的再审核。

4. 总结阶段

（1）各个考评者完成考评任务，形成考评结果的分析报告。

（2）针对绩效考评所反映出来的各种涉及企业组织现存的问题，写出具体详尽的分析报告。

（3）制定出下一期企业全员培训与开发计划、薪酬奖励、员工升迁与补充调整计划。

5. 应用开发阶段

（1）重视考评者绩效管理能力的开发。

（2）被考评者的绩效开发。

（3）绩效管理的系统开发。

（4）企业组织的绩效开发。

（五）劳动关系管理

劳动关系通常是指用人单位（雇主）与劳动者（雇员）之间在运用劳动者的劳动能力，实现劳动过程中所发生的关系。劳动关系的调整方式主要有7种。

1. 劳动法律法规

劳动法律法规由国家制定，体现国家意志，覆盖所有劳动关系，通常为调整劳动关系应当遵循的原则性规范和最低标准。其基本特点是体现国家意志。

2. 劳动合同

劳动合同是劳动者与用人单位确立劳动关系、明确双方权利义务的协议。订立劳动合同的目的是为了在劳动者和用人单位之间建立劳动法律关系，规定劳动合同双方当事人的权利和义务。劳动合同是劳动关系当事人依据国家法律规定，经平等自愿、协商一致缔结的，体现当事人双方的意志，是劳动关系当事人双方合意的结果。其基本特点是体现劳动关系当事人双方的意志。

3. 集体合同

集体合同是集体协商双方代表根据劳动法律法规的规定，就劳动报酬、工作时间、休息休假、劳动安全卫生、保险福利等事项，在平等协商一致的基础上签订的书面协议。根据劳动法的规定，集体合同由工会代表职工与企业签订，没有成立工会组织的，由职工代表与企业签订。

4. 民主管理（职工代表大会、职工大会）制度

在现代社会，工会和雇员已普遍获得了参与企业管理的权利。国家通过立法，保障工会和雇员对管理的参与权。工会和雇员代表参与企业管理，主要是对企业经营活动提供咨询，或与雇主一道共同参与对企业某些问题的决策，以便双方相互理解和配合。

5. 企业内部劳动规则

企业内部劳动规则是企业规章制度的组成部分，企业内部劳动规则的制定和实施是企业以规范化、制度化的方法协调劳动关系，对劳动过程进行组织和管理的行为，是企业以经营权为基础行使用工权的形式和手段。制定内部劳动规则是用人单位的单方法律行为，制定程序虽然应当保证劳动者的参与，但是最终由单位行政部门决定和公布。其基本特点是企业或者说雇主意志的体现。

6. 劳动争议处理制度

劳动争议处理制度是一种劳动关系处于非正常状态，经劳动关系当事人的请求，由依法建立的处理机构、调解机构、仲裁机构对劳动争议的事实和当事人的责任依法进行调查、协调和处理的程序性规范，是为保证劳动实体法的实现而制定的有关处理劳动争议的调解程序、仲裁程序和诉讼程序的规范。劳动争议仲裁是兼有司法性特征的劳动行政执法行为。其基本特点是对劳动关系的社会性调整。

7. 劳动监督检查制度

劳动监督检查制度是为了保证劳动法的贯彻执行，法定监督检查主体的职权、监督检查的范围、监督检查的程序以及纠偏和处罚的行为规范。劳动监督检查制度具有保证劳动法体系全面实施的功能。

三、技术资源管理

科学技术是社会经济发展的推动力，也是企业不断前进的推动力。对于企业来说，加强技术资源管理不仅促进了企业的技术进步，提高其核心产品的竞争力和劳动生产率，为企业创造经济效益，而且能够不断地满足消费者的需要，产生良好的社会效益。随着科学技术的发展，技术管理必将在企业管理中占据重要地位，发挥越来越重要的作用。

（一）技术资源的特点

技术资源是指企业在一定时期内所掌握或拥有的劳动手段、工艺方法、劳动技能和生产经验等技术的数量和质量的总和。它不仅包括劳动者的操作技巧，还包括相应的生产工具、生产工艺流程、作业程序、管理方法等。不仅包括以自然科学知识、原理和经验为基础的硬技术，还包括以管理技术、决策技术等自然科学和社会科学交叉学科为基础的软技术。技术资源的特点包括以下几个方面。

1. 地域性强

我国地跨热、温、寒三带，地形复杂多样，农田小气候也各不相同。一项农业技术不可能"放之四海而皆准"，都有各自最适宜采用的地区，因此，农业技术的研制开发必须遵循因地制宜的原则。

2. 保密性差

生物生产的重要特征在于可以自我繁殖。农业生产由于在大田进行，这种公开作业的条件使得科技成果的保密成本加大，即使已物化成种子、苗木、畜禽幼仔，也很难防止偷盗丢失。作为较易控制的杂交品种，其亲本丢失也屡见不鲜。

3. 成果更新成本低、周期短

由于农业生产是一项千家万户的生产，农业生产的技术更新主要是原材料（如种子、农药等）的更新，所需要花费成本低、时间短。因此，要求农业技术能尽快地推广到其最适宜的地区去，加快推广速度，扩大推广范围，降低技术推广成本，提高技术推广组织的自身生存能力。

4. 风险大

由于农业生产对气候的变化依赖性很强，我国又处于旱涝交替的季风气候带，灾害性天气发生频率高，技术采用除市场风险和技术本身风险外，还有较大的自然风险。加速农业技术推广要求有一套行之有效的技术推广风险防范制度和措施。

（二）技术管理

1. 技术管理的含义和作用

企业技术管理是指企业在生产经营过程中，对生产技术活动进行计划、组织和控制等活动的过程。技术管理是企业成功和可持续发展的关键。加强技术管理无疑具有十分重要的作用：①能够提高企业产品和服务的竞争能力，不断满足消费者需要；②能够提高劳动生产率；③促进企业技术进步。在知识经济时代，农业企业竞争力的核心是产品竞争力，而产品竞争力又依赖于企业的技术进步，因此，现代企业应加强企业的科研开发和技术改造，重视科技人才，促进产学结合，形成创新机制，走集约化和可持续发展的道路。

2. 技术管理的内容

现代农业企业技术管理包括技术开发、技术引进、技术推广、技术改造和技术创新等环节。

（1）技术开发。技术开发就是将科学研究的成果转化为新的设备、工具、工艺等应用于生产实践的过程，把科学发明转变为现实的生产力。

技术开发的方式一般有：①自主型技术开发。即企业依靠自身的技术力量，独立完成技术开发项目，研制出新产品。企业可获取技术开发成果的专利，享有自主的垄断性的技术成果。但它的开发风险大，周期长。主要适用于具备较强的科研和技术开发能力、资金较为雄厚的企业；②引进型技术开发。在引进技术的基础上进行技术的改进。它风险小，见效快，但企业在引进技术时要付出较高的经济代价，而且难以掌握核心技术，主要适用于开发能力弱而有一定经济实力的企业；③委托型技术开发。是企业借助外部的技术力量，由委托企业提供技术开发费用，借助外部的科研资源取得技术开发成果，被委托单位可以借此弥补自身技术开发资金的不足，从而提高自身的技术开发能力。

（2）技术引进。技术引进是指在国际技术转移活动中，引进技术的一方通过贸易、合同、交流等途径，以各种不同的合作方式，引进外国的技术知识、管理知识、管理经验以及先进设备的活动。

技术引进对加速我国农业现代化建设，提高企业的经济效益有着十分重要的意义。表现在：①可以节省技术进步时间，缩短技术开发周期，为企业赶超世界先进技术水平创造时机和条件；②可以及时掌握国外先进的管理技术和方法，以全面提高企业经济效益；③可以节约科研费用，研制、开发新技术需要大量的人力、财力、物力，而技术引进只需要吸收、消化和改进等，所需的成本就低得多，从而节约科研费用；④可以改善企业技术经济结构，改造现有企业，加速企业技术进步。

在技术引进的工作中应遵循几个原则：①实事求是的原则。从我国的实际出发，量力而行；②学习创新的原则。对外国的先进技术采取边学习、边利用、边改造、边创新的方针，逐步形成自己的技术体系；③平等互利的原则。确保合作双方在经济上都能得到自己合理的利益；④讲究效益的原则。提高企业的经济效益是技术引进的根本目的。因此，引进技术时要注意技术的连续性、先进性、配套性。

技术引进的形式主要有：引进设备、许可证贸易、建立技术协作关系、租赁贸易、学术交流等方式。

（3）技术推广。农业企业的技术推广是指通过实验、示范、培训、指导以及咨询服务等把农业技术普及应用于农业生产产前、产中、产后全过程的活动。因此，技术推广应按照选项、实验、示范、推广和评价 5 个程序进行。

①推广项目的选定。推广项目主要来自 3 方面：科研成果、引进技术和群众经验。选定推广项目一定要考虑：自然可行性、社会可能性、技术适用性和经济有效性。

②拟定实验、示范和推广方案。推广前的实验多在县级农业科研单位或在技术推广部门的基层点进行，是直接为大面积推广服务的，示范属推广范畴，既是推广的初期阶段，又是推广的方法，实践证明这是技术推广的重要环节，示范对象主要是科技示范户，示范内容主要有单项技术和综合技术措施。

③推广。技术项目经过实验和示范后，当技术成熟后，即可组织推广，主要工作有：建立相应的推广机构、组织推广队伍、培训指导技术人员和制定推广责任制。

④反馈和改进。在试验、示范过程中，对技术成果的使用情况要迅速反馈，以便及时改进。

⑤评价与核算。在大面积实地推广以后，对技术的经济效果要全面评审，总结经验。

(4) 技术改造。技术改造是指采用先进的技术成果，改造企业现有的技术装备、劳动条件，使企业产品在性能上、质量上保持先进水平。具体包括：产品的更新换代、设备和工具的更新改造、工艺和操作方法的改造、节约能源和原材料方面的技术改造、技术管理方法和手段的改进、厂房和公用工程的翻新改造以及劳动条件和环境的改善。

在技术改进过程中应遵循以下原则。

①以内涵为主的扩大再生产。内涵扩大再生产是投入规模不变而产出规模增加，增加的原因是投入产出比率的提高；而外延扩大再生产是投入产出比率不变，只是因为投入增加而导致产出规模增加。内涵扩大再生产通常以技术进步为前提，有利于提高资源的利用率和产出率。

②注重经济效益。技术改造的最终目的是良好的经济效益，因此，必须坚持技术与经济相结合，当前的利益与长远的技术经济效益相结合，局部和整体的技术经济效益相结合，同时，也要兼顾估算和评价企业技术改造的社会效益。

③专业队伍与广大员工相结合。企业技术改造需要一批精通技术、热心改革的技术人员和专家，同时，必须充分挖掘广大职工的积极性和创造性。把重大项目的改造和群众的小改革结合起来，充分发挥一些投资小、见效快和效益好的小改革在企业中的作用。

④同产业结构调整和重组相结合。企业技术改造要与产业结构调整和重组的方向一致，方向明确，保证收到较好的效果。

(5) 技术创新。《中共中央、国务院关于加强技术创新发展高科技实现产业化的决定》(1999) 将技术创新定义为："指企业应用创新的知识和新技术、新工艺，采用新的生产方式和经营管理模式，提高产品质量，开发生产新的产品、提供新的服务，占据市场并实现市场价值。企业是技术创新的主体。"可见，技术创新是企业科研成果的商业化应用，是一个有别于企业常规生产经营活动的行为过程。技术创新内容的分类如下。

①产品技术创新。包括外在性新产品和内在性新产品。外在性新产品只是产品的外观、装潢、包装等有些改进，使消费者在使用过程中得到新的满足。内在性新产品是由于科学技术的进步和工程技术的突破而产生的创新产品，或是在科学技术进步的基础上，从技术和工艺上进行了显著改进而产生的创新产品。内在性产品技术创新是根本，外在性产品技术创新也十分必要，特别是我国许多产品在功能效用方面具有世界先进水平，但由于包装简单粗糙，打不进世界市场，所以必须把外在性产品创新和内在性产品创新结合起来。

②生产设备技术创新。就是把科学技术新成果应用于新生产设备的制造或旧设备的改进，取得较好的经济效果。对现有生产设备进行技术创新是提高企业生产现代化水平和经济效益的重要环节。

③工艺技术创新。工艺创新一方面是为了适应新产品的生产或产品技术创新而进行的，另一方面通过工艺创新，可以提供实现新的物理、化学或生物加工方法的物质手段，反过来，又促进产品技术创新，提高产品质量，优化产品结构。

④管理技术创新。管理技术创新就是把新的管理技术思想、方法和手段成功地应用于管理活动的过程。有效的技术创新管理可以激发创造力，带来层出不穷的创新构思；可以优化创新项目，增加技术创新成功的机会；可以使企业增加收益，长期立于不败之地。在我国企业管理水平普遍不高的状况下，通过管理技术创新，一方面可以完善基础管理，另一方面采用现代管理思想方法和手段，可以全面实现管理现代化。

四、资金资源管理

资金是市场经济条件下农业企业生产和流通过程中所占用的物质资料和劳动力价值形式的货币表现。它是企业获取各种生产要素不可缺少的重要手段，因此，要保证企业持续发展，就必须管理好资金、分配好资金，最大限度地发挥资金资源的功效，这是农业企业经营管理中的一个重要问题。

（一）企业经营资金构成

从整个社会来说，资金是指整个社会再生过程中，生产、交换、分配和消费等环节各项资产的货币表现。就一个企业而言，企业资金是指用于从事企业生产经营活动和其他投资活动的资产的货币表现。一定数额的资金，代表着一定数量的资产价值。不同类型的资金在使用和管理上有不同的要求，在企业经营管理中必须区别对待，分类管理。

农业企业的经营资金，按不同的标准，可作以下分类。

（1）按资金来源的不同，可分为自有资金和借入资金两大类。

（2）按资金存在的形态，可分为货币形态的资金和实物形态的资金。

（3）按资金在再生产过程中所处的阶段，可分为生产领域的资金和流通领域的资金。

（4）按资金的价值转移方式，可分为固定资金和流动资金。

（二）经营资金运动过程

企业的资金运动是以企业为主体，利用价值形式管理企业在生产过程的一种活动，它包括资金的筹集、运用和分配等相互联系的过程。企业组织资金运动，进行资金筹集、资金使用、资金耗费、收入取得及分配等活动，必然发生与有关方面的经济关系。主要包括以下几种。

1. 企业与投资者之间的经济关系

是企业所有者对企业投入资金并参与企业收益分配的投资与分配的关系，主要反映了所有者与经营者之间的产权关系。企业投资者主要有4种：政府、法人机构、个人及外商。

2. 企业与债权人之间的经济关系

是企业向债权人借入资金，并按照借款合同向债权人还本付息而形成的经济关系，是一种借贷关系，其基础是企业的信誉与偿还能力，体现了企业的债权、债务关系。企业的债权人主要有企业债券的持有人、贷款机构、商业信用提供者和其他贷款给企业的机构和个人。

3. 企业与国家之间的经济关系

它反映了国家以政府管理者身份参与企业资金分配的关系，主要通过税收体现。这是指企业按税法规定向国家缴纳税金，以及企业购买国库券等形成的经济关系。

4. 企业与其他单位之间的经济关系

主要包括企业与企业之间相互提供产品或劳务而形成的资金结算关系，

以及企业之间由于横向经济联合而形成的合作关系等，主要体现企业之间的分工协作和经济利益关系。

5. 企业内部的经济关系

一是指企业内部各部门、各单位之间的经济关系。企业对于不同来源和不同性质的资金，因分别使用和管理而形成的基本经济活动，同企业基本建设、福利事业单位之间，以及各有关部门之间相互提供产品和劳务，进行资金结算而形成的部门之间的经济关系；二是指企业与职工之间的经济关系。是指职工向企业提供劳务和企业向职工支付劳动报酬而形成的经济关系，主要体现了企业和职工在劳动成果上的分配关系。

然而，现代企业更强调资本运营。资本运营相对于资产经营来说，是一种全新的企业经营理念。它强调将资金、劳动力、土地、技术等一切生产要素，通过市场机制进行优化配置，即将一切资源、生产要素在资本最大化增值的目标下，进行结构优化。资本运营的实现形式是多种多样的，包括实业资本运营、金融资本运营以及产权资本运营等。企业在经营过程中，可选用适当的资本运营方式，例如，并购、租赁等产权重组，盘活沉淀、闲置、利用率低下的资产存量，使资产得以优化组合和有效运用，最大限度地实现资产的价值增值。

企业经营资金管理具体表现为对固定资产、流动资产、无形资产、递延资产以及对外投资的管理上。

（三）固定资金的管理

固定资金是垫支在主要劳动资料上的资金，其实物形态表现为固定资产，例如，房屋及建筑物、机器设备、运输设备、工具器具等。农业企业生产能力的大小通常是由固定资产的多少以及它的技术状况和先进程度所决定的。在实际生产经营活动中，作为固定资产的劳动资料，一般应同时具备两个条件：一是使用年限长；二是单位价值在规定的价值以上。凡是不同时具备这两个条件的劳动资料，均作为低值易耗品，列入流动资产，以便进行分类管理。

1. 固定资金的特点

在生产经营过程中，固定资金的周转具有以下特点。

(1) 循环周期长。固定资产在生产经营中能较长时间地使用，逐渐损耗，其价值分次转移到产品成本和费用中去，不改变其实物形态。

(2) 一次性投资，分次收回。固定资产的投资是一次性进行的，而在使用过程中损耗的价值则以提取折旧费的方式分次收回。

(3) 价值补偿和实物更新可以分离。固定资产的价值补偿，是通过提取折旧费而逐步完成的；固定资产实物更新，则是在其物质寿命或技术寿命、经济寿命终结时，利用平时积累的资金来实现。

2. 固定资产的计价

固定资产的计价是指以货币形式，对固定资产进行计量。合理计价是核算固定资产和计提折旧的依据，通常采用3种计价标准。

（1）原始价值。简称原值，指企业在购置或建造某项固定资产时所实际支出的货币总额。它综合反映了企业拥有固定资产的价值总量。具体包括购价或造价、运杂费、安装费、应收费等。按原始价值计价，力求准确地反映企业固定资产的原始价值。

（2）折余价值。又称净值，指固定资产原值减去固定资产累计折旧后的余额，它反映固定资产的现有价值。通过固定资产的原值和净值的比较，可以考察固定资产的新旧程度。

（3）重置价值。指按当前的生产技术条件和市场情况，重新购进或生产该项固定资产的全部支出。一般是在企业获得无法查明原始价值的固定资产时，采取重置完全价值作为计价标准。

3. 固定资产折旧的方法

固定资产折旧是指固定资产在使用过程中因磨损而转移到产品成本中去的那部分价值。计算折旧提留的办法有多种，例如，直线法、工作量法、加速折旧法等。

（1）直线法。又叫使用年限法，即按照固定资产预计的使用年限来平均分摊折旧额的一种办法。从而使得折旧基金的增长呈直线积累状态。此法简单易行，为多数企业所采用。残值与清理费之差为净残值，一般按照固定资产的3% ~5%确定。

（2）工作量法。根据固定资产在使用期间所提供的总产量，平均计算单位产量的折旧额。

（3）加速折旧法。即加速计提固定资产折旧费的办法。采用加速折旧法，可以使固定资产在使用前期多提折旧，在后期少提折旧，整个折旧期的折旧费呈逐年递减趋势，从而可以使固定资产的原始成本能在有效使用期内尽早摊入成本。主要有双倍余额递减法、年数总和法和余额递减法。适当地采用加速折旧法是当前经济发展的一种客观需要。

（四）流动资金管理

流动资金是指垫支在劳动对象上的资金和用于支付劳动报酬及其他费用的资金。它只在一个生产周期内发生作用，其价值在生产过程中一次性全部转移到产品成本中去，并随着产品的销售，从销售收入中得到补偿。

农业企业的流动资金是由储备资金、生产资金、成品资金、货币资金等组成。储备资金是指为进行生产而储备的各种材料和物质所占用的资金；生产资金是指在生产过程中占用的资金；成品资金是指已经入库的产品所占用的资金；货币资金是指现有的银行存款和现金。

1. 流动资金的特点

（1）流动性。流动资金在企业生产经营过程中，沿着供应、生产、销售三个阶段的固定次序，不断地由一种形态转化为另一种形态，从一个阶段过渡到另一个阶段，依次继起，循环往复。

（2）并存性。在企业的再生产过程中，流动资金总是同时以各种不同的形态，并列地存在于周转运动的每个阶段。即在时间上是继起的（连续的），在空间上是并存的。

（3）波动性。企业流动资金在各个时期的占用量都不是固定不变的，它随着供、产、销条件的变化和经营的好坏而波动，时多时少，时高时低。

（4）增值性。流动资金在循环周转中，可以得到自身耗费的补偿，并实现一定的增值。在利润率一定的条件下，资金周转越快，增值就越多。

流动性，表明流动资金周转中的动态规律性；并存性，是从流动资金的动态与静态的联系，说明资金各组成部分的内在关系；波动性，反映了流动资金在周转过程中占用数量的变化规律；增值性，综合反映了企业供、产、销活动和各项管理工作的质量和效率。所以，加强流动资金的管理具有重要意义。

2. 货币资产管理

企业拥有大量的货币资产意味着具有较强的偿债能力和承担风险的能力。从理论上讲，企业不应保持大量货币资产，因为货币资产的存在，说明了这部分资金尚未投入生产，从而未能够增值。但是，企业又必须保持一定的货币资产，因为企业存在着交易动机和预防动机，例如，随时购买原材料、支付工资、交纳税金等，或者预防意外事件的发生而不致影响生产。

（1）现金管理。现金是流动性最强的资产。企业持有现金的动机有三种：一是支付动机，即为了满足日常支付的需要；二是预防动机，即为了应付事件的需要；三是投机动机，即为了在股票等证券市场从事投机活动以获取收益。企业持有现金过少，会影响企业的支付能力和信誉形象，影响资金周转；企业持有现金过多，则会增大财务风险，降低企业的收益。所以，现金管理的目的在于保证生产经营所需现金的同时，节约使用资金，并合理地从暂时闲置的现金中获得更多的利息收入。现金管理的基本内容包括规定现金的使用范围、库存限额和建立严格的内部控制制度。

（2）银行存款管理。主要表现为如何保持银行存款的合理水平，以使企业既能将多余货币资金投入有较高回报的其他投资方向，又能在企业急需资金时，获得足够的现金。为此，企业应加速货款回收，严格控制支出，力求做到货币资金的流入与流出同步。

3. 债权资产的管理

债权资产是指销售过程中所形成的未来收取款项的凭据，例如，各种应收账款和应收票据。随着企业赊销活动的开展，债权资产在整个流动资产中将占有一定比重。控制其规模，加速其回笼，对加快企业流动资产的运转具有重要意义。

（1）运用信用政策的变化，改变或调节债权资产的大小。在此，企业要建立自己的信用标准，即对客户的最低信用要求标准，要评估他们的信用等级。

（2）建立健全收款办法。应有专人负责按期催收，收款费用应低于所欠账款额度。

（3）建立坏账准备金制度，以防范因坏账而给企业生产活动造成影响。

4. 存货资产的管理

存货是企业在生产经营过程中为了销售或耗用而储备的资产。在企业的流动资产中，所占比例最大。对于存货资产的管理，应从 3 个不同的环节入手。

（1）加强储备存货管理，降低储备存货成本。其核心是让各种材料的储备数量都达到一个合理的额度。通常采用定额如数法，计算出每个存货材料资金的资金定额。

（2）制定生产资金的合理定额，降低生产资金占用。

（3）加强产成品存货管理，减少其占用费用。主要在库存、发运和结算方面加强管理工作。

（五）无形资产管理

无形资产是指企业能够长期使用，但不具备实物形态的资产。包括专利权、非专利技术、商标权、著作权、土地使用权、商誉等。它是由特定主体控制的，不具有独立实体，对生产经营与服务能提供某种权利、特权或优势，并持续发挥作用且能带来经济利益的一切经济资源。随着科学技术的进步和市场竞争的加剧，无形资产对企业越来越重要，企业对无形资产的投资也越来越多。

1. 无形资产的特点

（1）无形性。无形资产不具有独立的物质实体，其价值体现为某种权利或获得超额利润的能力。

（2）有偿性。取得无形资产必须支付一定的代价。

（3）依赖性。无形资产只有与特定的企业或特定的有形资产联为一体，方能实现其价值。

（4）不确定性。无形资产的未来收益很大，可以在多个经营周期内为企业提供经济效益，但也难以确切地计量其投资收回，具有不确定性。这种不确定性和风险性是无形资产评估复杂化的重要原因。

2. 无形资产的计价与摊销

（1）无形资产的计价。只有当进行新的投资活动时，并且无形资产被当作资本金进行投资时，才会出现无形资产的计价问题。对于知识产权和专有技术的价格影响因素有使用年限、是独占还是通用、是可转让还是不可转让、先进性与实用性等。一般来说，凡购入的，按实际支付价款计；自主开发的，按开发过程的实际支出计；接受捐赠的，按发票面额计。

（2）无形资产的摊销。无形资产在计价入账后，应从开始使用之日起，在有效使用期限内将其价值平均摊入管理费用。无形资产是企业的一项长期资产，它会在较长时间内为企业带来收益。为了使收入与费用能合理地加以配比，无形资产必须在其有效期内摊销。无形资产的摊销主要取决于两个因素：一是无形资产的取得成本，即投资作价额；二是无形资产的有效期限。

3. 无形资产营造战略

无形资产具有多方面的作用，在生产领域可以促进技术进步，提高劳动生产率，减少消耗，降低成本，提高产品质量；在流通领域可以提高产品信誉，开拓市场，促进销售，增强竞争能力。实践证明，借助无形资产盘活有形资产存量，正日益成为诸多成功企业优化资产重组，实施资源整合，谋取竞争优势的有效机制。驰名的商标、品牌，崇高的信誉、形象不是天生的，更不可能靠他人恩赐，而必须完全靠企业自身的努力。

（1）专利战略。知识经济时代是一个知识与技术不断创新的时代。能否在创造和创新专利的过程中，切实有效地维护自身的知识产权与专有技术，已成为企业保持并扩大竞争优势的关键。在企业发展过程中，必须牢固确立一种知识创新观念和专利保护意识，并将这种观念和意识，纳入企业整体的战略发展与管理政策之中。

（2）质量信誉战略。无形资产的营造涉及专利权、商标权、营销策略、销售渠道和市场形象各个方面，是一个复杂的系统工程。但企业的生存与发展之根本，则在于产品质量和信誉。强化质量、信誉是企业无形资产营造的基础。在经济全球化的今天，我国农业企业面临更为严峻的挑战，只有真正地实施质量信誉战略，强化质量竞争意识，实现与国际惯例接轨，按照国际质量认证标准，组织生产经营，使产品不断推陈出新，赢得通行世界市场的绿卡，才能使企业立于不败之地。

(3) 名牌战略。名牌是品牌的高级形式。品牌是企业竞争优势的主要源泉和富有价值的战略财富。产品由品牌到名牌，是特定企业科学技术、管理理念、企业文化、价值观念、形象信誉、战略思想、运筹策略以及服务质量等方面因素的凝结与升华，是高品位、高质量、高信誉度、高市场覆盖率的集中体现。品牌一旦成为名牌，产品便获得一种独立的对市场能进行支配的能力，发挥着巨大的辐射功能。

案例分析

华龙日清食品有限公司总裁范现国的人才观

"当今企业的竞争是核心人才的竞争，加强高层次核心人才队伍建设是做强做大华龙，争做世界最大制面企业的关键所在"。华龙日清食品有限公司总裁范现国如是说。华龙自建厂伊始，始终把人力资源作为企业经营管理的首要工作，在用人上坚持以"忠、诚、能"为衡量标准；坚持用适合的人做正确的事；坚持用专业的人做专业的事；坚持用高层次、高技术、复合型的人做决策的事；坚持用"待遇、感情、事业"来吸引人、培养人、留用人。华龙日清食品有限公司正是基于"以人为本"的人才理念，经过十年的发展，企业规模与综合实力扩张了1 000多倍，品牌价值飙升至82.8999亿元。目前，拥有员工18 000人，在全国建有16个生产基地。2004年方便面生产线达到138条，年处理小麦180万吨的生产能力，制面、制粉规模位居全国第一，实现了超常规跨越式成长，创造了华龙十年的辉煌。

有一种理论谈到企业经营重点时说：小企业应抓住财务，大中型企业应重视人才，对于小企业而言，其发展壮大都是靠利润、费用等方方面面的积累和节省得来的；对中型企业，其若想稳定的前进，核心问题是在如何吸引人才、如何留用人才上，归根结底正应了管理大师松下幸之助说过的"事业的成败取决于人"，对中国民营企业更是如此。

华龙日清食品有限公司总裁范现国关于人才有很多精辟论述。

他将沟通、尊重、激励，作为人力资源建设中激励员工的三部曲。即提供适合其创造发展的舞台，营造其良好的工作条件和环境，提供其少后顾之忧直至无后顾之忧的后勤服务。人才工程不是对一两个人才的挑选和提供，而是帅、将、兵三才配备得当的群体的培养，为人才提供施展才华的舞台。十年来，华龙日清培养和吸引了一大批专家和英才，共同团结在"华龙"

这面旗帜下。

以吸引技术人才为例，从1995年起，华龙日清就聘请国内食品行业著名专家组成了研发中心，高薪聘请方便面行业具有国内一流水平的高级专家来主持产品研发工作。高级专家的引进不仅体现在科技进步和直接贡献点上，而且可起到示范带动作用，他主持研发工作6年带出了一个具有国内领先水平的人才群体。目前，食品研究所下设方便面、面粉、调料、糕饼、挂面等研发部，具备了全方位综合研究开发能力；并投资2 000万元建立了食品研究所，配备国内一流的产品包装检验、新产品实验、微生物及微量元素检验、计量等设备，为人才提供一个良好的工作条件和环境，并建立条件优越的专家楼，解除他们的后顾之忧。

(1) 球赛理论 。“球赛理论”把企业比作“赛场”，把中高层领导比作“教练”和“裁判”，人才比作“球员”，把股东比作“赞助方”。“赛场”：要提供比赛的场地、设施、后勤等条件的空间或平台保障等硬件措施；同时还要提供比赛规则等软件条件。

“教练”和“裁判”：要具备激励能力、发现问题能力、演讲能力、培训能力、倾听能力、控制能力、合作能力、执行能力、优秀人格、学习能力等十种能力；教练要制定架构、流程、规则并言传身教；裁判要尊重流程和游戏规则，按制度办事，该出红牌时就不能出黄牌，不该出牌就不能出，要公开、公平、公正，保证团队的战斗力。

“球员”：是最重要的因素，但在挑选球员时，适才可能比英才还来得重要。需要“刘国梁”时就不需要招聘“乔丹”，虽然“乔丹”很出色。但何谓适才？台湾企管专家邱义城认为，所谓适才，就是成员不论智慧、才能或专业能力，都能胜任其所担任的工作，更重要的是企业能满足他追求工作的动机，而且能在现有的企业文化下快乐的工作，能在团队运作下与人合作。也就是用适合的人做正确的事，用专业的人做专业的事。

(2) 楼梯理论 。“楼梯理论”是指在企业里成功的职业经理和高层管理者就好比已站在了楼顶上，而要上到楼顶的方式有爬楼梯和乘电梯两种。很多人喜欢乘电梯上楼，走捷径，迅速上到楼顶，获得成功，因为爬楼梯要费力吃苦。但在华龙往往看重的是肯吃苦，凭自已的能力一步一步爬楼梯上来，基本功很扎实的人，这也正是华龙重用提拔人才的标准。

在华龙的营销会议室有华龙日清食品有限公司总裁范现国的一句话：“如果有一天我不当总裁，就当业务员，因为他富有挑战性，我喜欢他！”这句话不仅是华龙4 000余名业务人员在外勤奋工作的信念支持，更激励着他们自已只有付出更大的心血和汗水，才会获得回报，才能取得更大业绩，才能爬到更高一级的楼层。今天华龙营销公司的8位部长和46名分公司经理，70%都是从一名业务员，凭自己的勤奋和努力，一步一步爬到楼顶上的，从而形成了一个特别能战斗、特别能打硬仗的优秀团队。

（3）金字塔理论。“金字塔理论”是把整个企业比作大金字塔，塔尖是老总、高管。大金字塔中又由多个小金字塔组成，小金字塔好比是部门，企业是由多个部门组成。每个人在企业里的成长好比是在攀登这个大金字塔，首先，只有你超越自我，突破极限地去工作，在你的小金字塔（部门）里成为最优秀的人，你才能有机会攀登到更高一级的金字塔，越向上，职位越高，机会越少，攀登难度越大，要求能力越高。从而在企业里形成了一个比学习、比业绩、比贡献，人人争做优秀人才，积极向上的良好氛围，使一大批优秀人才脱颖而出。

华龙日清不惜巨资，加大员工培训力度，2000年11月范现国亲率42名中高层管理骨干走进北京大学，进行为期一年的EMBA高级研修课程学习，此举开中国民营企业之先河，在国内引起强烈反响！2002年10月再次选派5名管理骨干走进清华学习深造。2003年1月，集团又选派15名中高层管理人员参加北京大学民营企业高级管理培训。同年，还与武汉工业大学建立了战略合作关系，在研发课题、人才、技术等方面全方位开展合作。同时又有10多名华龙研发人员走进武汉工业大学进行深造和交流学习。另外，集团还聘请食品行业的专家针对一线工人进行长期培训。美国当代著名的政治经济学家和知识管理学家达尔·尼夫就曾强调，企业应该“把对工人的培训看作是基本的竞争优势——看作是产品高质量和高产量的保证”。

在2003年第四届面制品产业大会上，中国食品科技学会秘书长孟素荷女士在评价华龙日清优势时说：“华龙日清有政府的全力支持，有原料和地域资源优势，但更重要的是它有运转顺畅、指挥有力的团队。”为此，华龙日清提出“人才也是资源，而是企业最重要的第一资源”。

第五章

农业企业如何进行产品安全管理

近年来，随着农产品供求基本平衡，丰年有余，人民生活水平日益提高，农产品国际贸易快速发展，农产品质量安全问题日益突出，已成为新阶段农业和农村经济工作亟待解决的主要问题之一。提高农产品质量安全水平，是促进农业结构调整、农民增收和农业可持续发展的需要，是保障城乡居民消费安全的需要，是提高我国农产品国际竞争力的需要，也是整顿和规范市场经济秩序的需要。

一、重视食品安全

（一）食品安全基础知识

1. 食品安全的定义

食品安全指食品无毒、无害，符合应当有的营养要求，对人体健康不造成任何急性、亚急性或者慢性危害。根据世界卫生组织的定义，食品安全是“食物中有毒、有害物质对人体健康影响的公共卫生问题”。食品安全也是一门专门探讨在食品加工、存储、销售等过程中确保食品卫生及食用安全，降低疾病隐患，防范食物中毒的一个跨学科领域。

2. 食品质量安全的标志

QS 是英文“质量安全”的字头缩写，是工业产品生产许可证标志的组成部分，也是取得工业产品生产许可证的企业在其生产的产品外观上标示的一种质量安全外在表现形式。根据《中华人民共和国工业产品生产许可证管理条例实施办法》第八十六条规定：“工业产品生产许可证标志由‘质量安全’字头（QS）和‘质量安全’中文字样组成。标志主色调为蓝色，字母‘Q’与‘质量安全’4 个中文字样为蓝色，字母‘S’为白色。”“QS”是食品质量安全市场准入证的简称，是国家从源头加强食品质量安全的监督管理，提高食品生产加工企业的质量管理和产品质量安全水平，具备规定条件的生产者才允许进行生产经营活动，具备规定条件的食品才允许生产销售的一种行政监管制度（图 5 - 1）。

QS 标识从 2010 年 6 月 1 日起已陆续换成新样式。此次变更主要是在标

图5－1　质量安全标志

志的中文字样上有所变动，原先QS标志下方的“质量安全”字样已变为“生产许可”。QS下方须标注“生产许可”，原有的QS标志是食品市场的准入标志，由“质量安全”英文的首字母“QS”和“质量安全”中文字样组成，没有取得相关生产许可证的企业则不能生产食品，即不能使用这个标志。原有的QS标识主色为蓝色，字母“Q”与“质量安全”4个中文字样为蓝色，字母“S”为白色。即将更换的企业食品生产许可证标志以“企业食品生产许可”的拼音缩写“QS”表示，并标注“生产许可”中文字样（图5－2）。

图5－2　生产许可标志

3. 食品安全管理体系的审核程序

食品安全管理体系的审核一般分为两个阶段，两个阶段各有不同的审核目的和重点，第二阶段现场审核需在第一阶段现场审核开具的不符合项有效关闭后方能实施。那么申请食品安全管理体系认证程序有哪些？

首先，要了解食品安全管理体系的适用范围。适用于所有在食品链中期望建立和实施有效的食品安全管理体系的组织，无论该组织类型、规模和所提供的产品如何。这包括直接介入食品链中一个或多个环节的组织（如，但不仅限于饲料加工者、农作物种植者、辅料生产者、食品生产者、零售商、食品服务商、配餐服务、提供清洁、运输、贮存和分销服务的组织），以及间接介入食品链的组织（如设备、清洁剂、包装材料以及其他与食品接触材料的供应商）。

其次，熟悉申请食品安全管理体系的认证程序。组织建立食品安全管理体系并有效运行满三个月后，可联系认证机构的相关部门或分支机构，认真填写“管理体系认证委托书”，认证机构会根据委托人提供的信息进行合同评审等，以后的步骤会由受理的部门和委托人联系。

最后，要清楚进行食品安全管理体系认证的费用。食品安全管理体系的认证费用基本是以完成审核所需的人日数与每人日收费标准相乘得到的，而认证所需人日数是根据组织的规模、从业人数为计算基数来计算，同时考虑产品的种类、产品安全风险的高低以及组织的实际运作方式等因素进行适当的增减。组织需提供有关情况的详细说明后，认证机构才能准确报价。

4. 安全食品的选择

注意看经营者是否有营业执照，其主体资格是否合法；注意看食品包装标识是否齐全，注意食品外包装是否标明商品名称、配料表、净含量、厂名、厂址、电话、生产日期、保质期、产品标准号等内容；注意看食品的生产日期及保质期限，注意食品是否超过保质期；看产品标签，注意区分认证标志；看食品的色泽，不要被外观过于鲜艳、好看的食品所迷惑；看散装食品经营者的卫生状况，注意有无健康证、卫生合格证等相关证照，有无防蝇防尘设施；看食品价格，注意同类同种食品的市场比价，理性购买“打折”、“低价”、“促销”食品；购买肉制品、腌腊制品最好到规范的市场、“放心店”购买，慎购游商（无固定营业场所、推车销售）销售的食品；妥善保管好购物凭据及相关依据，以便发生消费争议时能够提供维权依据。

案例分析

食品安全十大注意事项

一、食物一旦煮好就应尽快吃掉。食用在常温下已存放45小时的煮过的食物有危险。

二、食物必须彻底煮熟才能食用，特别是家禽、肉类和牛奶。所谓彻底煮熟是指使食物的所有部位的温度至少达到70℃。

三、应选择已加工处理过的食品。例如，选择已加工消毒的牛奶而不是生牛奶。

四、食物煮好后常常不会一次吃完。如果需要把食物存放45小时，应在高温（接近或高于60℃）或低温（接近或低于10℃）的条件下保存。常见的错误是把大量尚未冷却的食物放在冰箱里。

五、经冰箱存放过的熟食必须重新加热至70℃才能食用。

六、不要让未煮过的食品与煮熟的食品互相接触。

七、保持厨房清洁。烹饪用具、刀叉餐具等都应用干净的布揩干净。这块揩布的使用不应超过1天，下次使用前应把布在沸水中煮一下。如有条件，不用揩布，而用活水先冲用具，再晾干。

八、处理食品前先洗手。

九、不要让昆虫、兔、鼠和其他动物接触食品。动物通常都带有致病微生物。

十、饮用水和准备食用时所需的水应纯洁干净。

（二）食品安全标准

1. 中国的食品安全标准内容及制度

（1）中国的食品安全标准内容。食品相关产品中的致病性微生物、农药残留、兽药残留、重金属、污染物质以及其他危害人体健康物质的限量规定；食品添加剂的品种、使用范围、用量；专供婴幼儿的主辅食品的营养成分要求；对与食品安全、营养有关的标签、标识、说明书的要求；与食品安全有关的质量要求；食品检验方法与规程；其他需要制定为食品安全标准的内容；食品中所有的添加剂必须详细列出；食品生产经营过程的卫生要求。

（2）食品安全法规。主要包括食品安全法规基本知识、食品安全管理、食品标准知识、食品质量安全市场准入、ISO 9000族食品质量管理体系、食品良好操作规范与卫生操作程序、食品危害分析与关键控制点（HACCP）、安全食品的管理规范等内容（表5－1）。食品安全法规以我国现行的法律法规为准绳，并严格按国家和国际通行的标准或惯例进行有关阐述。结合我国食品安全管理的实际和特点，汲取了国内外食品卫生管理的经验，遵循食品安全管理原则，将食品安全作为建立与实施食品安全管理体系的焦点，重点强调食品安全法规的广泛适用性和国际兼容性。

表5-1　主要食品安全法规

颁布时间	法规名称	法规性质
2009	《食品安全法》	强制性
2000.9	《产品质量法》	强制性
2002.4	《进出口商品检验法》	强制性
1989.4	《标准化法》	强制性
2005.9	《食品生产加工企业质量安全监督管理办法》	强制性
2002.7	《食品添加剂卫生管理办法》	强制性
2011.10	《出口食品生产企业备案管理规定》	强制性
2009.7	《食品安全法实施条例》	强制性

（3）我国的食品安全标准制度。自2004年1月1日起，我国首先在大米、食用植物油、小麦粉、酱油和醋五类食品行业中实行食品质量安全市场准入制度，对第二批十类食品肉制品、乳制品、方便食品、速冻食品、膨化食品、调味品、饮料、饼干、罐头实行市场准入制度。国家质检总局将用3~5年时间，对全部28类食品实行市场准入制度。

①绿色食品标志（图5-3）

图5-3　绿色食品标志

绿色食品标志是由绿色食品发展中心在国家工商行政管理总局商标局正式注册的质量证明标志。它由3部分构成，即上方的太阳、下方的叶片和中心的蓓蕾，象征自然生态；颜色为绿色，象征着生命，农业、环保；图形为正圆形，意为保护。AA级绿色食品标志与字体为绿色，底色为白色；A级绿色食品标志与字体为白色，底色为绿色。整个图形描绘了一幅明媚阳光照耀下的和谐生机，告诉人们绿色食品是出自纯净、良好生态环境的安全、无污染食品，能给人们带来蓬勃的生命力。

绿色食品标志还提醒人们要保护环境和防止污染，通过改善人与环境的关系，创造自然界新的和谐。它注册在以食品为主的共九大类食品上，并扩展到肥料等绿色食品相关类产品上。绿色食品标志作为一种产品质量证明商标，其商标专用权受《中华人民共和国商标法》保护。标志使用是食品通过专门机构认证，许可企业依法使用。

②保健食品标志（图5－4）

保健食品

图5－4　保健食品标志

正规的保健食品会在产品的外包装盒上标出蓝色的，形如“蓝帽子”的保健食品专用标志。下方会标注出该保健食品的批准文号，或者是“国食健字【年号】××××号”，或者是“卫食健字【年号】××××号”。其中，“国”、“卫”表示由国家食品药品监督管理部门或卫生部批准。

③食品质量安全市场准入制度

食品质量安全市场准入制度包括3个方面内容。

首先，对食品生产加工企业实行生产许可证管理。实行生产许可证管理是指对食品生产加工企业的环境条件、生产设备、加工工艺过程、原材料把关、执行产品标准、人员资质、储运条件、检测能力、质量管理制度和包装要求等条件进行审查，并对其产品进行抽样检验。对符合条件且产品经全部项目检验合格的企业，颁发食品质量安全生产许可证，允许其从事食品生产加工。已获得出入境检验检疫机构颁发的《出口食品厂卫生注册证》的企业，其生产加工的食品在国内销售的；以及获得HACCP认证的企业，在申办食品安全质量许可证时可以简化或免于工厂生产必备条件审查。

其次，对食品出厂实行强制检验。其具体要求有3个：一是那些取得食品质量安全生产许可证并经质量技术监督部门核准，具有产品出厂检验能力的企业，可以实施自行检验其出厂的食品。实行自行检验的企业，应当定期将样品送到指定的法定检验机构进行定期检验；二是已经取得食品质量安全生产许可证，但不具备产品出厂检验能力的企业，按照就近就便的原则，委托指定的法定检验机构进行食品出厂检验；三是承担食品检验工作的检验机构，必须具备法定资格和条件，经省级以上（含省级）质量技术监督部门审查核准，由国家质检总局统一公布承担食品检验工作的检验机构名录。

再次，实施食品质量安全市场准入标志管理。获得食品质量安全生产许可证的企业，其生产加工的食品经出厂检验合格的，在出厂销售之前，必须在最小销售单元的食品包装上标注由国家统一制定的食品质量安全生产许可证编号并加印或者加贴食品质量安全市场准入标志，并以“质量安全”的英文名称 Quality Safety 的缩写“QS”表示。国家质检总局统一制定食品质量安全市场准入标志的式样和使用办法。

（4）食品安全标准制修订程序。食品安全国家标准由卫生部负责制定。制定食品安全国家标准，应当依据食品安全风险评估结果并充分考虑食用农产品质量安全风险评估结果，参照相关的国际标准和国际食品安全风险评估结果，广泛听取食品生产经营者和消费者的意见，并经食品安全国家标准审评委员会审查通过。

制定食品安全国家标准是有严格程序的，一般分为以下几个步骤：制定标准研制计划、确定起草单位、起草标准草案、征求意见、标准的批准与发布、标准的追踪与评价。

①制定标准研制计划。国务院有关部门以及任何公民、法人、行业协会或者其他组织均可提出制定或者修订食品安全国家标准立项建议。国务院卫生行政部门会同国务院农业行政、质量监督、工商行政管理局和国家食品药品监督管理以及国务院商务、工业和信息化等部门制定食品安全国家标准规划及其实施计划，并公开征求意见。国务院卫生行政部门对审查通过的立项建议纳入食品安全国家标准制定或者修订规划、年度计划。

②确定起草单位及草案。国务院卫生行政部门应当选择具备相应技术能力的单位起草食品安全国家标准草案。提倡由研究机构、教育机构、学术团体、行业协会等单位共同起草食品安全国家标准草案。标准起草单位的确定应当采用招标或者指定等形式，择优落实。一旦按照标准研制项目确定标准起草单位后，标准研制者应该组成研制小组或者写作组按照标准执行定计划完成标准的起草工作。标准制定过程中，既要充分考虑食用农产品风险评估结果及相关的国际标准，也要充分考虑国情，注重标准的可操作性。

③标准征求意见。标准草案制定出来以后，国务院卫生行政部门应当将食品安全国家标准草案向社会公布，公开征求意见。完成征求意见后，标准研制者应当根据征求的意见进行修改，形成标准送审稿，提交食品安全国家标准审评委员会审查。该委员会由卫生部负责组织，按照有关规定定期召开

食品安全国家标准审评委员会，对送审标准的科学性、实用性、合理性、可行性等多方面进行审查。委员会由来自于不同部门的医学、农业、食品、营养等方面的专家以及国务院有关部门的代表组成。行业协会、食品生产经营企业及社会团体可以参加标准审查会议。

④标准的批准与发布。食品安全国家标准委员会审查通过的标准，一般情况下，涉及国际贸易的标准还应履行向世界贸易组织通报的义务，最终由卫生部批准、国务院标准化行政部门提供国家标准编号后，由卫生部编号并公布。

⑤标准的追踪与评价。标准实施后，国务院卫生行政部门和省、自治区、直辖市人民政府卫生行政部门应当会同同级农业行政、质量监督、工商行政管理、食品药品监督管理、商务、工业和信息化等部门，对食品安全国家标准和食品安全地方标准的执行情况分别进行跟踪评价，并应当根据评价结果适时组织修订食品安全标准。国务院和省、自治区、直辖市人民政府的农业行政、质量监督、工商行政管理、食品药品监督管理、商务、工业和信息化等部门应当收集、汇总食品安全标准在执行过程中存在的问题，并及时向同级卫生行政部门通报。食品生产经营者、食品行业协会发现食品安全标准在执行过程中存在问题的，应当立即向食品安全监督管理部门报告。食品安全国家标准审评委员会也应当根据科学技术和经济发展的需要适时进行复审。标准复审周期一般不超过 5 年。

（三）国外的食品安全标准制度

1. 英国

英国是较早重视食品安全并制定相关法律的国家之一，体系完善，法律责任严格，监管职责明确，措施具体，形成了立法与监管齐下的管理体系。例如，英国从 1984 年开始分别制定了《食品法》《食品安全法》《食品标准法》和《食品卫生法》等，同时，还出台许多专门规定，如《甜品规定》《食品标签规定》《肉类制品规定》《饲料卫生规定》和《食品添加剂规定》等。这些法律法规涵盖所有食品类别，涉及从农田到餐桌整条食物链的各个环节。

在英国，责任主体违法，不仅要承担对受害者的民事赔偿责任，还要根据违法程度和具体情况承受相应的行政处罚乃至刑事制裁。例如，根据《食品安全法》，一般违法行为根据具体情节处以 5 000英镑的罚款或 3 个月以内的监禁；销售不符合质量标准要求的食品或提供食品致人健康损害的，处以最高 2 万英镑的罚款或 6 个月监禁；违法情节和造成后果十分严重的，对违法者最高处以无上限罚款或两年监禁。

在英国，食品安全监管由联邦政府、地方主管当局以及多个组织共同承担。例如，食品安全质量由卫生部等机构负责；肉类的安全、屠宰场的卫生及巡查由肉类卫生服务局管理；而超市、餐馆及食品零售店的检查则由地方管理当局管辖。为强化监管，英国政府于1997年成立了食品标准局。该局是不隶属于任何政府部门的独立监督机构，负责食品安全总体事务和制定各种标准，实行卫生大臣负责制，每年向国会提交年度报告。食品标准局还设立了特别工作组，由该局首席执行官挂帅，加强对食品链各环节的监控。

英国法律授权监管机关可对食品的生产、加工和销售场所进行检查，并规定检查人员有权检查、复制和扣押有关记录，并可取样分析。食品卫生官员经常对餐馆、外卖店、超市、食品批发市场进行不定期检查。在英国，屠宰场是重点监控场所，为保障食品的安全，政府对各屠宰场实行全程监督；大型肉制品和水产品批发市场也是检查重点，食品卫生检查官员每天在这些场所进行仔细的抽样检查，确保出售的商品来源渠道合法并符合卫生标准。

在英国食品安全监管方面，一个重要特征是执行食品追溯和召回制度。食品追溯制度是为了实现对食品从农田到餐桌整个过程的有效控制、保证食品质量安全而实施的对食品质量的全程监控制度。监管机关如发现食品存在问题，可以通过电脑记录很快查到食品的来源。一旦发生重大食品安全事故，地方主管部门可立即调查并确定可能受事故影响的范围、对健康造成危害的程度，通知公众并紧急收回已流通的食品，同时，将有关资料送交国家卫生部，以便在全国范围内统筹安排工作，控制事态，最大限度地保护消费者权益。为追查食物中毒事件，英国政府还建立了食品危害报警系统、食物中毒通知系统、化验所汇报系统和流行病学通信及咨询网络系统。严格的法律和系统的监管有效地控制了有害食品在英国市场流通，消费者权益在相当程度上得到了保护。

2. 法国

在法国，保障食品安全的两个重点工作是打击舞弊行为和畜牧业监督，与之相应的两个新部门近几年也应运而生。其中，直接由法国农业部管辖的食品总局主要负责保证动植物及其产品的卫生安全、监督质量体系管理等。竞争、消费和打击舞弊总局则要负责检查包括食品标签、添加剂在内的各项指标。法国农民也已经意识到，消费者越来越关注食品安全乃至食品产地和生产过程的卫生标准以及对环境的影响。为了使产品增加竞争力，法国农业部给农民制定了一系列政策，鼓励农民发展理性农业便是其中之一。所谓理性农业，是指通盘考虑生产者经济利益、消费者需求和环境保护的具有竞争力的农业。其目的是保障农民收入、提高农产品质量和有利于环境保护。法国媒体认为，这种农业可持续发展形式具有强大的生命力，同时，还大大提高了食品安全性。

在销售环节，实现信息透明是保证食品安全的重要措施。除了每种商品都要标明生产日期、保质期、成分等必需内容外，法国法律还规定，凡是涉及转基因的食品，不论是种植时使用了转基因种子，还是加工时使用了转基因添加剂等，都须在标签上标明。此外，法国规定，食品中所有的添加剂必须详细列出。由于“疯牛病”的影响，从2000年9月1日起，欧盟各国对出售的肉类实施一种专门的标签系统，要求标签上必须标明批号、屠宰所在国家和屠宰场许可号、加工所在国家和加工车间号。从2002年1月开始，又增加了动物出生国和饲养国两项内容。有了标准，重在执行。新华社巴黎分社附近有一家叫做卡西诺的超市，每天20：00，超市工作人员都会把第二天将要过期的食品类商品扔到垃圾桶内，包括蔬菜、水果、肉类、禽蛋等。他们告诉记者：判断食品是否过期的唯一标准就是看标签上的保质期，而一旦店内有过期食品被检查部门发现，那么结果就是商店关门。位于巴黎郊区的兰吉斯超级食品批发市场是欧洲最大的食品批发集散地，也是巴黎市的“菜篮子”，这里的商品品种丰富，价格便宜。为了保证食品质量，法国农业部设有专门人员，每天24小时不断抽查各种产品。1996年英国发现了疯牛病；2000年初，法国发现一些肉类食品中含有致命的李斯特杆菌；2001年英国暴发口蹄疫。一味追求利润最大化导致欧盟区域内频现食品安全危机，这使得消费者在选择食品时更加谨慎，也促使食品安全问题愈发受到重视。

3. 德国

一直以来，德国政府实行的食品安全监管以及食品企业自查和报告制度，成为德国保护消费者健康的决定性机制。德国的食品监督归各州负责，州政府相关部门制定监管方案，由各市县食品监督官员和兽医官员负责执行。联邦消费者保护和食品安全局（BVL）负责协调和指导工作。在德国，那些在食品、日用品和美容化妆用品领域从事生产、加工和销售的企业，都要定期接受各地区机构的检查。食品生产企业都要在当地食品监督部门登记注册，并被归入风险列表中。监管部门按照风险的高低确定各企业抽样样品的数量。每年各州实验室要对大约40万个样本进行检验，检验内容包括样本成分、病菌类型及数量等。食品往往离不开各种添加剂，添加剂直接关系到食品安全与否。在德国，添加剂只有在被证明安全可靠并且技术上有必要时，才能获得使用许可证明。德国《添加剂许可法规》对允许使用哪些添加剂、使用量、可以在哪些产品中使用都有具体规定。食品生产商必须在食品标签上将所使用的添加剂一一列出。

德国食品生产、加工和销售企业有义务自行记录所用原料的质量，进货渠道和销售对象等信息也都必须有记录为证。根据这些记录，一旦发生食品安全问题，可以在很短时间内查明问题出在哪里。消费者自身加强保护意识也非常重要。例如，一旦发现食品企业存在卫生标准不合格或者食品标签有误，可以通知当地食品监管部门。如果买回家的食品在规定的保质期内出现变质现象，也可以向食品监管部门举报。联邦消费者保护部开设有“我们吃什么”网站，提供多种有关食品安全的信息，帮助消费者加强自我保护能力。值得一提的是，欧盟范围内已经初步形成了统一、有效的食品安全防范机制，即欧盟食品和饲料快速警报系统。德国新的《食品和饲料法典》和《添加剂许可法规》的一大特点就是与欧盟法律法规接轨。如果某个州的食品监管部门确定某种食品或动物饲料对人体健康有害，将报告 BVL。该机构对汇总来的报告的完整性和正确性加以分析，并报告欧盟委员会。报告涉及产品种类、原产地、销售渠道、危险性以及采取的措施等内容。如果报告来自其他欧盟成员国，BVL 将从欧盟委员会接到报告，并继续传递给各州。如果 BVL 接到的报告中包含有对人体健康危害程度不明的信息，它将首先请求联邦风险评估机构进行毒理学分析，根据鉴定结果再决定是不是在快速警告系统中继续传递这一信息。通过信息交流，BVL 可以及时发现风险。一旦确认某种食品有害健康，将由生产商、进口商或者州食品监管部门通过新闻公报等形式向公众发出警告，并尽早中止有害食品的流通。

4. 美国

美国的食品安全监管体系遵循以下指导原则：只允许安全健康的食品上市；食品安全的监管决策必须有科学基础；政府承担执法责任；制造商、分销商、进口商和其他企业必须遵守法规，否则将受处罚；监管程序透明化，便于公众了解。美国整个食品安全监管体系分为联邦、州和地区 3 个层次。以联邦为例，负责食品安全的机构主要有卫生与公众服务部下属的食品和药物管理局和疾病控制和预防中心，农业部下属的食品安全及检验局和动植物卫生检验局以及环境保护局。三级监管机构的许多部门都聘用流行病学专家、微生物学家和食品科研专家等人员，采取专业人员进驻食品加工厂、饲养场等方式，从原料采集、生产、流通、销售和售后等各个环节进行全方位监管，构成覆盖全国的立体监管网络。与之相配套的是涵盖食品产业各环节的食品安全法律及产业标准，既有类似《联邦食品、药品和化妆品法》这样的综合性法律，也有《食品添加剂修正案》这样的具体法规。一旦被查出食品安全有问题，食品供应商和销售商将面临严厉的处罚和数目惊人的巨额罚款。美国特别重视学生午餐之类的重要食品的安全性，通常由联邦政府直接控制，一旦发现问题，有关部门可以当场扣留这些食品。百密一疏，万一食品安全出现问题，召回制度就会发挥作用。值得一提的是，民间的消费者保护团体也是食品安全监管的重要力量。例如，2006 年 6 月，一个名为“公众利益科学中心”的团体就起诉肯德基使用反式脂肪含量高的烹调油。在网络普及的美国，通过互联网发布食品安全信息十分普遍。联邦政府专门设立了一个“政府食品安全信息门户网站”。通过该网站，人们可以链接到与食品安全相关的各个站点，查找到准确、权威并更新及时的信息。

5. 俄罗斯

在保障食品安全方面，俄罗斯并不乏相关法律文件和技术标准。《食品安全法》《消费者权益保护法》、各种政府决议及地方规定都对此有详尽而明确的要求。然而，现实生活中食品安全问题仍不时突显，其中关键不在于无法可依，而在于有法不依、执法不严。在俄罗斯，食品安全保障工作过去一直由国家卫生防疫部门、兽医部门、质检部门及消费权益保护机构共同负责。但俗话说“三个和尚没水吃”，婆婆太多也带来职责划分不清、推卸责任甚至相互扯皮的弊端，最终使食品安全管理工作无法落到实处。这一局面在 2004 年开始得到改观。当年 3 月，俄罗斯总统普京为理顺食品安全管理机制，命令对相关行政管理机构进行调整，在俄罗斯卫生和社会发展部下设立联邦消费者权益和公民平安保护监督局，将俄罗斯境内食品贸易、质量监督及消费者权益保护工作交由该局集中负责。新机构的成立对于集中行政资源、监控食品质量和安全起到了积极作用。其职责范围包括：检查食品制造和销售场所的卫生防疫情况，对进口食品进行登记备案，在新食品上市前进行食品安全鉴定，对市场所售食品进行安全及营养方面的鉴定和科学研究，以及制止有损消费者权益的行为等。该局在全俄各联邦主体设有分局，负责当地的食品安全检查和监控工作。

6. 日本

日本的食品安全体系相对来说较之以前完善了许多。早在 1947 年，日本就制定了《食品卫生法》，先后对《食品卫生法》进行了 10 多次修改。2006 年新修订的《食品卫生法》中规定，日本开始实施关于食品中残留农药的“肯定列表制度”，将设定残留限量标准的对象从原先的 288 种增加到 799 种，而且必须定期对所有农药和动物药品残留量进行抽检。

为了让消费者放心，日本有关方面还建立了农产品生产履历管理系统，要求生产、流通等各部门采用电子标签，详细记载产品生产和流通过程的各种数据。日本还于 2003 年出台了《食品安全基本法》，并在内阁府增设了食品安全委员会，以便对涉及食品安全的事务进行管理，并对食品安全作出科学评估。另外，农林水产省设立了“食品安全危机管理小组”，建立内部联络体制，负责应对突发性重大食品安全问题。

二、加强产品质量控制

（一）产品质量控制的含义及目标

1. 产品质量控制的含义

产品质量控制是企业为生产合格产品和提供顾客满意的服务和减少无效劳动而进行的控制工作。我国国家标准 GB/T 19000—2000 对于质量控制的定义是："质量管理的一部分，致力于满足质量要求"。

2. 产品质量控制的目标

产品质量控制的目标是确保产品的质量能满足顾客、法律法规等方面所提出的质量要求，例如，适用性、可靠性、安全性。

（二）质量控制的范围及工作内容

1. 质量控制的范围

质量控制的范围涉及产品质量形成全过程的各个环节，例如，设计过程、采购过程、生产过程、安装过程等。

2. 质量控制的工作内容

质量控制的工作内容包括作业技术和活动，也就是包括专业技术和管理技术两个方面。围绕产品质量形成全过程的各个环节，对影响工作质量的人、机、料、法、环五大因素进行控制，并对质量活动的成果进行分阶段验证，以便及时发现问题，采取相应措施，防止不合格重复发生，尽可能地减少损失。因此，质量控制应贯彻预防为主与检验把关相结合的原则。必须对干什么、为何干、怎么干、谁来干、何时干、何地干做出规定，并对实际质量活动进行监控。

（三）质量控制的演进

质量控制是确定质量方针、目标和职责，通过质量策划、质量控制、质量保证和质量改进，实施的全部管理职能活动的总称。可归纳为 3 个阶段。

（1）质量检验阶段。初级阶段。

（2）统计质量控制阶段。应用统计方法对产品质量进行控制。

（3）全面质量控制阶段。具有全面性、全员性、预防性和服务性的特点。

（四）产品质量标准

（1）国家标准。即全国范围内统一执行标准。

（2）部颁标准。即各专业范围内统一执行标准。

（3）企业标准。企业制定的标准，必须服从前两个标准。

（4）国际标准。ISO 9000 系列标准是世界通用的质量保证体系，共分 5 个部分。

ISO 9000 是系列标准选用准则。

ISO 9001 是开发、设计、生产、安装和服务的质量保证标准。

ISO 9002 是生产和安装的质量保证标准。

ISO 9003 是最终检验和试验的质量保证标准。

ISO 9004 是质量管理体系要素的指南，是非合同环境中用于指导企业管理的标准。

（五）生产过程的质量控制

1. 技术准备过程的质量控制

目的是使正式生产过程能在受控状态下进行，包括 4 个方面的质量控制活动：①质量控制策划；②过程能力控制；③辅助材料、设施、环境的验证；④搬运控制。

2. 基本生产过程的质量控制

基本生产过程的质量控制包括过程控制和最终产品的验证两方面。其中过程控制内容包括：技术文件控制、过程更改控制、物料控制、设备控制、人员控制、环境控制。

3. 辅助服务过程的质量控制

其一是物资供应质量的控制；其二是设备的质量控制；其三是工具、量具、工装供应的质量控制；其四是燃料动力的质量控制；其五是仓库保管的质量控制；其六是运输服务的质量控制。

（六）质量控制的 7 个步骤

选择控制对象。

选择需要监测的质量特性值。

确定规格标准，详细说明质量特性。

选定能准确测量该特性值的监测仪表或自制测试手段。

进行实际测试并做好数据记录。

分析实际与规格之间存在差异的原因。

采取相应的纠正措施。

案例分析

3·15 晚会的感受

随着3·15晚会的召开，国内又有一大批名牌产品落马，深陷各种“门”，而其中最令人痛心的无疑是和我们老百姓的日常生活息息相关的食品安全问题。自从“毒奶粉”事件曝光以来，政府对食品问题不可谓不重视，各种制度各种检查层出不穷，不仅废除了国家免检产品的商标，还建立了一整套的食品督查体系。但食品问题依然一件接一件的出现，这让我们在庆幸又有一个隐藏的安全隐患被曝光的同时也不免心寒：食品问题越查越多，什么时候才是个头？随着越来越多的名牌产品出现问题，又有多少问题食品还没有被曝光，我们中国人以后还敢吃什么？

下面让我们来细数近段时间出现的食品问题。

1. 在央视3·15晚会中，家乐福被曝以价格低廉的白条鸡、三黄鸡替代柴鸡，以赚取数倍利润，并以过期鸡胗打散重新包装再卖给消费者。这件事情的发生不仅反映了知名商场管理水平的低下，同时也让无数消费者寒心：这样的超市以后谁敢去？连这样的国际连锁企业都不可靠，以后谁还敢逛超市?!

2. 同样是在3·15晚会上，一家麦当劳餐厅被曝光，如牛肉饼掉在地上不经任何处理接着二次销售、过期的甜品更改包装接着卖、保存期只有30分钟的吉士片在4个小时之后依然可以用等。虽然麦当劳澄清这是一个个案，可是谁能保证这960万平方公里的国土上没有其他的“个案”？

3. 3月22日，进口的雅培奶粉被查出质量问题，因其酪蛋白过多，婴儿食用可能会肠道出血、营养不良、腹泻，并对肾脏功能有影响。国内奶粉问题一波未平，国外进口奶粉也来凑热闹，难道中国出生的宝宝就这么可怜，连口好的奶粉都喝不到？

4. 3月27日，温州市查出4 000千克竹笋二氧化硫残留量超标，这些被硫磺熏过的竹笋在端上消费者餐桌前的最后一步被成功截获了，很多家庭也因此无法品尝到硫磺的味道了。

5. 近期，“绿A”、“汤臣倍健”、“清华紫光（金奥力）”等螺旋藻样品被查出铅含量严重超标。这些本来被视为绿色保健品的生物产品如今现出了原形，让我们不得不感慨，这年头，保健也是门了不起的学问啊！

（七）国外食品安全控制措施

食品安全问题关系到每个人的生命健康，也是一个全球性难题。在世界许多国家，食品安全事故也时常发生。相比而言，有些国家和地区已经建立起了较为完整的“从田头到餐桌”的食品安全保障系统，让我们看看有什么招数值得借鉴。

1. 第一招：严把源头关——监管触角伸向产地

(1) 美国

美国的食品安全监管机制一直比较分散，按照联邦、州和地区分为3个层面监管。三级监管机构大多聘请相关领域的专家，采取进驻饲养场、食品生产企业等方式，从原料采集、生产、流通、销售和售后等各个环节进行全方位监管，从而构成覆盖全国的立体监管网络。

不过，这种监管体系由于管理权分散，近年来暴露出效率低、部门之间缺乏协调等诸多弊端，这也是奥巴马政府推动食品安全体系改革的原因所在。这次的新法案扩大了美国食品和药物管理局（FDA）的监管权力和职责，强调食品安全应以预防为主。根据新法案，FDA除了可以直接下令召回存在安全隐患的食品外，还有权检查食品加工厂，并对进口食品制定更为严格的标准，尽量将食品安全的隐患消灭在端上餐桌之前。

消灭食品安全的隐患同样是英国食品标准署的基本职能之一。英国食品标准署不仅监测着市场上的各种食品，还将触角延伸到了食品产地，并且这种工作还往往是长期持续的。例如，1986年的切尔诺贝利核事故使得大量放射性物质飘散到欧洲上空，有不少放射性物质在英国养殖绵羊的一些高地地区沉降，20多年过去了，食品标准署还一直监控着当地绵羊的情况，2009年发布的公告说还有369家农场的绵羊产品受到限制。

(2) 法国

法国全程管控确保食品安全。法国是世界闻名的美食大国，食品安全一直是政府和民众关注的焦点。近些年来，疯牛病、二噁英污染、禽流感、口蹄疫等与食品安全相关的问题不断涌现，促使法国更加注重对食品生产、销售等各个环节的监管。

从食品供应的源头开始，法国当局实行严格的监控措施。供食用的牲畜如牛、羊、猪都会挂有识别标签，并由网络计算机系统追踪监测。屠宰场还要保留这些牲畜的详细资料，并标定被宰杀牲畜的来源。肉制品上市要携带“身份证”，标明其来源和去向。

具体分工上，法国农业部下属的食品总局主要负责保证动植物及其产品的卫生安全、监督质量体系管理等。竞争、消费和打击舞弊总局负责检查包括食品标签、添加剂在内的各项指标。进入流通环节后，法国有两种模式的认证和标识制度，分别是政府统一管理形式和各大超市自我管理形式。政府统一管理的食品认证标识主要是农业部负责，统一管理的认证标识包括原产地冠名保护标签（AOC）、生态食品标签（AB）、红色标签（LR）、特殊工艺证书产品认证（CCP）4种，其他统一管理的认证标识还有企业认证、特点证明、地理保护标志、营养食品等。

原产地保护认证和标识由法国原产地研究院签发，农业部监管。原产地保护标识使用最多的是葡萄酒，法国出产的葡萄酒80%以上都有原产地标识。奶酪也有相关的原产地标识。贴有生态食品标签的食品，说明它至少有95%以上的原料经过授权认证机构的检验，是精耕细作或精细饲养而成，没有使用杀虫剂、化肥等。如果一项产品贴有红色标签认证，说明它与同类产品相比，经过更严格的生产控制流程并拥有更高的质量，法国现有450种产品获得这一认证。特殊工艺证书产品认证则从2000年才开始实行，要获得这一认证，农产品或食品的生产和加工必须按照规定的程序进行，并设有全面和完善的监控。

法国各大超市也建立了自我管理的认证和标识，例如，家乐福的食品质量认证标识（FQC）已成功实施超过15年。在家乐福超市的销售柜里，有FQC标识的食品占销售食品的30%以上。

2. 第二招：重视流通环节——为每份食品“建档案”

（1）日本。日本米面、果蔬、肉制品和乳制品等农产品的生产者、农田所在地、使用的农药和肥料、使用次数、收获和出售日期等信息都要记录在案。农协收集这些信息，为每种农产品分配一个“身份证”号码，供消费者查询。日本的食品监管还重视企业的召回责任。日本报纸上经常有主动召回食品的广告。日本采用以消费者为中心的农业和食品政策。食品只有通过“重重关卡”才能登上百姓的餐桌。在食品加工环节，原则上除厚生劳动省指定的食品添加剂外，食品生产企业一律不得制造、进口、销售和使用其他添加剂。面对不断出现的食品安全危机，欧盟于2002年首次对食品生产提出了“可溯性”概念，以法规形式对食品、饲料等关系公众健康的产品强制实行从生产、加工到流通等各阶段的溯源制度。2006年，欧盟推行从“农场到餐桌”的全程控制管理，对各个生产环节提出了更为具体、明确的要求。

（2）德国。在德国，食品的食物链原则和可追溯性原则得到了很好的贯彻。以消费者在超市里见到的鸡蛋为例，每一枚鸡蛋上，都有一行红色的数字。例如，2-DE-0356352，第一位数字用来表示产蛋母鸡的饲养方式，“2”表示是圈养母鸡生产；DE表示出产国是德国；第三部分的数字则代表着产蛋母鸡所在的养鸡场、鸡含或鸡笼的编号。消费者可以根据红色数字传递的信息视情况选购。

如果出现食品安全危机，也可以根据编码迅速找到原因。2010 年 12 月底，德国安全食品管理机构在一些鸡蛋中发现超标的致癌物质二噁英，引起德国上下的极大关注。通过对有毒鸡蛋的追查，有关机构顺藤摸瓜将焦点快速锁定在了石勒苏益格——荷尔施泰因州的一家饲料原料提供企业身上。这家公司将受到工业原料污染的脂肪酸提供给生产饲料的企业，才导致了其下游产业产品二噁英超标。随后，德国政府迅速隔离了 4 700个受波及的养猪场和家禽饲养场，强制宰杀了超过 8 000只鸡。

（3）英国。食品标准署对食品的追溯能力也在去年的克隆牛风波中得到展示。去年有媒体披露，一些英国农场主表示饲养了克隆牛及其后代，并将其牛奶和牛肉制品拿到市场上销售。由于公众对克隆动物食品还存在一些不同看法，特别是不少人在食用安全问题上存有疑虑。食品标准署很快查明报道中的牛是一头从美国进口的克隆牛的后代，并据此确认了其后代 8 头牛所在的农场，以及是否有相关奶制品或肉制品进入市场。这些结果公布后，公众掌握了相关事实，一场风波逐渐消散。

3. 第三招：食品造假要出狠招重罚

在食品安全制度相对先进的发达国家，食品安全事故也时有发生，各国为此都加大了惩罚力度，其中的许多做法值得我们借鉴。

（1）德国。德国是刑事诉讼外加巨额赔偿。2010 年年底，德国西部北威州的养鸡场首次发现饲料遭致癌物质二噁英污染。2011 年 1 月 6 日，德国警方即调查位于石荷州的饲料制造商“哈勒斯和延奇”公司。7 日，德国农业部宣布临时关闭 4 700多家农场，禁止受污染农场生产的肉类和蛋类产品出售。对于这次二噁英事件中的肇事者，德国检察部门提起刑事诉讼，同时，受损农场提出了高达数千万欧元的民事赔偿。

（2）韩国。韩国造毒食品 10 年内禁营业。2004 年 6 月，韩国曝出了“垃圾饺子”风波。事件曝光后，韩国《食品卫生法》随之修改，规定故意制造、销售劣质食品的人员将被处以 1 年以上有期徒刑；对国民健康产生严重影响的，有关责任人将被处以 3 年以上有期徒刑。而一旦因制造或销售有害食品被判刑者，10 年内将被禁止在《食品卫生法》所管辖的领域从事经营活动。另外，还附以高额罚款。

（3）法国。法国卖过期食品立刻关门。销售部门对于保障食品安全的作用是不言而喻的。巴黎超市的工作人员每天晚上关门前都会把第二天将要过期的食品扔掉。判断食品是否过期的唯一标准就是看标签上的保质期，而一旦店内有过期食品被检查部门发现，商店就得关门。2007 年，巴西东南部两家牛奶生产厂在牛奶中掺入一种溶液，以延长保质期。消费者饮用后出现腹痛、腹泻等现象。在接到投诉后，巴西有关方面拆除了工厂的生产设备，查封了库存牛奶，并在市场上收缴这两家工厂生产的牛奶。

（4）巴西。巴西生产未达标产品的企业将受到处罚。如果是重犯，企业都将被处以与首次发现时数额相同的罚款，同时还要接受停产30天检查、没收不合格产品、收回已投放市场产品等一系列处罚。如再被查出，案件将直接进入司法程序，企业法人将以食品造假罪被起诉。

4. 第四招：食品召回构筑最后屏障

问题食品召回制度是发现食品质量存在缺陷之后采取的补救措施，是防止问题食品流向餐桌的最后一道屏障。

（1）美国。奥巴马食品监管改革要点之一就是授予美国药管局强制召回权，可以直接下令召回而无需要求生产厂家自愿。目前，美国FDA推出了食品召回官方信息发布的搜索引擎，以提高食品安全信息披露的及时性和完整性。通过搜索，消费者可以获得自2009年以来所有官方召回食品的详细动态信息。

（2）英国。在英国食品标准署网站上，可以查询到问题食品的召回信息，包括食品生产厂家、包装规格和召回原因。例如，在3月22日的一条公告中，写明召回Narco公司生产的400克装咖喱鹰嘴豆，原因是未在标签中注明其含有芥末，可能会引起对芥末过敏人群的不适。像这种并不算很严重的问题都得到清晰监管，公众对那些大的食品安全问题就会更放心。

（3）德国。对于不合格食品的召回，德国食品安全局和联邦消费者协会等部门联合成立了一个“食品召回委员会”，专门负责问题食品召回事宜。2004年，在“食品召回委员会”监督下，亨特格尔公司调查发现，该公司生产的孕产妇奶粉和婴儿豆粉中有“坂歧氏肠杆菌”，威胁消费者尤其是婴儿健康。事件发生后，亨特格尔公司以最快速度召回了产品，另外还向消费者支付了1 000万欧元的赔偿金。

5. 第五招：完善食品安全法 用法律来保障

（1）美国。2011年1月，美国总统奥巴马签署《食品安全现代化法案》，美国食品安全监管体系迎来一次大变革。奥巴马政府的这次改革是根据不断变化的现实对美国食品安全体系进行的一次调整。100多年来，美国的食品安全体系在不断改进中日渐成熟。

1906年，美国国会通过《食品药品法》和《肉类制品监督法》，美国食品安全开始纳入法制化轨道运转。20世纪50～60年代，随着经济的高速发展，美国在食品加工和农业方面出现了滥用食品添加剂、农药、杀虫剂和除草剂等化学合成制剂的情况。为规范食品添加剂和农药的使用标准，美国政府先后出台了《食品添加剂修正案》《色素添加剂修正案》《联邦杀虫剂、杀真菌剂和灭鼠剂法》等多部法律。近年来，美国多次发生食品污染事件，奥巴马政府又及时调整食品监管体系，赋予美国食品和药物管理局（FDA）更大的权力。

以美国为例，每隔一段时间就会出现食品安全事件，例如，2008年的“沙门氏菌事件”、2009年的“花生酱事件”和2010年的“沙门氏菌污染鸡蛋疫情”。2009年1月，美国花生公司布莱克利工厂生产的花生酱被沙门氏菌污染，导致9人死亡，震惊全美。事件发生后，公众对美国食品安全监管能力严重质疑。总统奥巴马事后评论说，美国的食品安全体系不但过时，而且严重危害公共健康，必须彻底进行改革。在上述背景之下，美国于2009年加快了食品安全立法进程，继《2009年消费品安全改进法》后，又通过了几经修改的《2009年食品安全加强法案》。没有什么制度是万能的，美国相对先进的食品安全管理制度仍需不断完善。

（2）巴西。巴西负责食品监督的部门和机构是国家卫生监督局、农业部、社会发展和消除饥饿部等机构。此外，民间还有消费者维权基金会和消费者保护研究院等。这些机构都有比较完善的体制，在市镇、州、联邦3个层级开展工作。巴西有关食品安全的法案很多，也很具体。从2005年开始，巴西又强制执行食品营养成分标签规定，要求食品标签必须包括热量值、蛋白质、碳水化合物、脂肪、纤维含量、钠含量等信息，以保障公众健康。

（3）英国、德国。英国和德国的食品监管体系同样经过了几十年甚至上百年的积累和发展。英国食品安全监管机构食品标准署成立于2000年。此前，英国在1990年颁布《食品安全法》，对食品质量和标准等方面进行了详细规定。而《食品安全法》又是在1984年的《食品法》基础上修改而成的。再往前追溯，还可以找到一些与食品安全相关的法律。而德国食品法的历史则最早可追溯到1879年。迄今为止，德国关于食品安全的各种法律法规多达200个，涵盖了原材料采购、生产加工、运输、贮藏和销售等所有环节。由此可以看出，发达国家不仅对食品安全的重视源远流长，相关法律和监管体系也在与时俱进。

（八）国家对食品安全采取的措施

1. 加强食品安全监测

制定食用农产品产地区划。建立农产品产地环境安全监管体系，系统调查农产品产地污染状况，开展重点地区、典型农产品产地环境质量安全监控；强化对农业投入品的质量和环境安全管理；建立国家农兽药残留监控制度，农产品质量安全例行监测由目前的37个城市扩展到全国所有大中城市；

建立原粮污染监控制度，开展原粮质量安全和卫生监测，建设粮食质量安全和原粮卫生监测网络；开展非食品原料风险监测，系统调查非食品原料污染情况，建立重点食品强制性标准全国专项检查制度，实施电子标签管理制度；建立和规范食品召回监督管理制度；完善食品安全卫生质量抽查和例行监测制度，建立食品质量监测直报点；完善国家食品污染物和食源性疾病监测网络。

2. 提升食品安全检验检测水平

整合并充分利用现有食品检验检测资源，严格实验室资质管理，初步建立协调统一、运行高效的食品安全检验检测体系，实现检测资源共享，满足食品生产、流通、消费全过程安全监管的需要，力争使国家级食品安全检测机构技术水平达到国际先进水平。促进检验检测机构社会化，积极鼓励和发展第三方检测机构。

3. 完善食品安全相关标准

进一步加大食品安全标准的制定修订工作的力度，基本建立统一、科学的食品安全标准体系；推动我国食品安全标准采用国际标准和国外先进标准的进程，积极参与国际标准制定修订；根据我国食品生产、加工和流通领域具体情况，制定具有可操作性的过渡标准或分级标准。

4. 构建食品安全信息体系

充分利用现有信息资源和基础设施，建立国家食品安全信息平台，形成包括国家、省、市、县四级的食品安全信息网络和国家对重点企业的食品安全要素的直报网络；建立高性能、易管理、安全性强的食品安全动态信息数据库；建设国家食品安全基础信息共享系统，形成服务于食品安全监测分析、信息通报、事件预警、应急处理和食品安全科研及社会公众服务的网络协同工作环境。加快建立食品安全信息统一发布制度。

5. 提高食品安全科技支撑能力

开展食品安全科学的基础研究、高技术研究、关键技术研究和食品安全科研基础数据共享平台建设，加强应用技术和相关战略研究；跟踪研究国际食品法典委员会标准、主要贸易国食品安全监管手段以及世界贸易组织《实施卫生与植物卫生措施协定》和《技术性贸易壁垒协定》通报评议；加强食品安全技术能力建设，初步建成既有自主创新能力又与国际接轨、开放的食品安全科研体系；加强食品安全人才队伍和学科建设。

6. 加强食品安全突发事件和重大事故应急体系建设

完善食品安全应急反应机制，建立实施食品安全快速反应联动机制；加强应急指挥决策体系、应急监测、报告和预警体系、应急检测技术支撑系统、应急队伍和物资保障体系，以及培训演练基地、现场处置能力建设，提升政府应急处置能力；全面加大食品安全重大事故的督查督办力度，健全食品安全事故查处机制，建立食品安全重大事故回访督查制度和食品安全重大事故责任追究制度，逐步完善国家食品安全监察专员制度。

7. 建立食品安全评估评价体系

逐步建立食品安全风险评估评价制度和体系，研究食品可能发生的危害后果及其严重性，以及危害发生的概率，并据此划分食品的风险等级，其动态评估结果作为政府食品安全决策和管理的基础。

8. 完善食品安全诚信体系

进一步增强全社会食品安全诚信意识，营造食品安全诚信环境，创造食品安全诚信文化；初步建立食品安全诚信运行机制，全面发挥食品安全诚信体系对食品安全工作的规范、引导、督促功能；逐步建立企业食品安全诚信档案，推行食品安全诚信分类监管；完善“食品安全工作地方政府负总责，企业是食品安全第一责任人”制度，加强行业自律，建立食品企业红黑榜制度。

9. 继续开展食品安全专项整治

严厉打击生产经营假冒伪劣食品行为，重点开展高风险食品安全专项整治，进一步提高与公众日常生活密切相关的粮、肉、蔬菜、水果、奶制品、豆制品、水产品等重点品种和种植养殖、生产加工、流通及消费重点环节的食品安全水平；完善食品安全区域监管责任制，进一步加强和改进对食品企业日常监管措施，探索农村小型食品生产加工、经营企业的有效监管模式，有效遏制使用非食品原料、滥用食品添加剂和无证照生产加工食品的违法行为；进一步加强食品市场监管力度，继续整顿和规范食品广告，重点整治中小城市食品广告；结合社会主义新农村建设，全面加强农村食品安全监管工作，指导和开展农村食品安全专项整治，建设农村食品现代流通网、社会监督网和监管责任网，全面提升农村食品安全保障能力。

10. 完善食品安全相关认证

建立健全“从农田到餐桌”全过程的全国统一的食品认证体系，完善认证制度；建立农产品产地认定和产品认证制度，积极开展有机食品、绿色食品等认证工作，加大推进无公害农产品认证和饲料产品质量认证力度；对农业投入品生产企业、农产品加工企业、农业生产过程进行管理体系认证；完善良好农业规范、良好生产规范、良好储藏和运输规范、危害分析和关键控制点、绿色市场认证，提高食品企业自身管理能力；加快我国食品的国际互认进程。

11. 加强进出口食品安全管理

建立和完善进口食品质量安全准入制度，制定科学合理与国际接轨的准入程序。在对食品风险分析的基础上实施分类管理，提高进口食品检验检疫的有效性；完善进口食品查验制度，重点对食品中农兽药、食品添加剂、致病微生物、有毒有害物质、标签标识进行查验；建立和完善“一个模式，十项制度”（即“公司＋基地＋标准化”管理模式，种植养殖基地备案管理等十项管理制度）的出口食品安全管理体系；充分运用世界贸易组织《技术性贸易壁垒协定》和《实施卫生和植物卫生措施协定》规则，建立完善的食品安全技术性贸易措施体系；制定进出口食品质量安全控制规范，制定、修订与食品检测相关的检验检疫行业标准。

12. 开展食品安全宣传、教育和培训

制定食品安全宣传教育纲要；加强食品安全法律法规、政策和标准的宣传报道，普及食品安全基础知识，提高全社会食品安全意识，增强消费者的自我保护和参与监督能力；加快建设食品安全培训体系，对政府管理人员、执法者、企业管理与工作人员、新闻工作者、消费者进行多形式、多途径的食品安全教育和培训。

2011 年食品安全事件大回顾

1. 事件名称：双汇瘦肉精事件

爆发时间：2011 年 3 月 15 日

爆发源：瘦肉精

具体事件：2011 年 3·15 特别行动中，央视曝光了双汇“瘦肉精”养猪一事。瘦肉精可以增加动物的瘦肉量，使肉品提早上市、降低成本。但瘦肉精有着较强的毒性，长期使用有可能导致染色体畸变，诱发恶性肿瘤。

2. 事件名称：雨润烤鸭问题肉

爆发时间：2011 年 5 月 19 日

爆发源：病变淋巴和脓包

具体事件：2011 年 5 月 19 日，合肥雨润火腿被疑掺过期肉；7 月 2 日，渭南市政府公布调查结果，“问题肉”中确有病变淋巴和脓包；8 月 3 日，雨润“老北京烤鸭”被检出菌落总数实测值达到标准值的 13 倍。

3. 事件名称：“塑化剂”风波（多行业被波及）

爆发时间：2011 年 5 月 24 日

爆发源：邻苯二甲酸二酯（DEHP）

具体事件：2011 年 5 月 24 日，台湾地区有关方面向国家质检总局通报，发现台湾“昱伸香料有限公司”制售的食品添加剂“起云剂”含有化学成分邻苯二甲酸二酯（DEHP），该“起云剂”已用于部分饮料等产品的生产加工。

4. 事件名称：进口奶粉死虫、活虫

爆发时间：2011 年 10 月

爆发源：死虫、活虫

具体事件：2011 年 10 月，青岛一消费者在美素奶粉中发现活虫，经销商却要求消费者证明活虫国籍才能赔偿。11 月，西安一消费者称在雅培奶粉中发现甲虫，雅培回应未开封奶粉出现固体异物块或小虫的几率为零。

5. 事件名称：全聚德违规肉

爆发时间：2011 年 7 月 18 日

爆发源："无证驴肉"

具体事件：2011 年 7 月 18 日，北京市动物卫生监督所曝光上半年 14 家违法企业名单，其中，全聚德、亿客隆、华联超市、东兴楼等知名企业上榜。方庄全聚德店因"无证驴肉"被处罚款 1 000元。

6. 事件名称：立顿铁观音稀土超标

爆发时间：2011 年 11 月 9 日

爆发源：稀土

具体事件：2011 年 11 月 9 日，国家质检总局抽查结果显示，联合利华有限公司"立顿"铁观音稀土超标 3 倍多。稀土对人体健康的作用好坏取决于其浓度的高低，过量摄入将对人体造成危害。

7. 事件名称：速冻食品病菌门

爆发时间：2011 年 10 月 19 日

爆发源：金黄色葡萄球菌

具体事件：2011 年 10 月 19 日"思念"三鲜水饺检出金黄色葡萄球菌；11 月 7 日，"三全"白菜猪肉水饺也检出金黄色葡萄球菌；11 月 17 日，"湾仔码头"上汤小云吞也检出金黄色葡萄球菌。三大冷冻食品品牌陷"细菌门"。

8. 事件名称：可口可乐中毒

爆发时间：2011 年 11 月 28 日

爆发源：农药残留

具体事件：2011 年 11 月 28 日，长春市民饮用可口可乐美汁源草莓味果粒奶优中毒 1 死 1 昏迷。可口可乐公司三次声明称，国家权威检测部门对产品留样检测显示，所有指标合格。

9. 事件名称：牛肉膏事件（猪肉变的牛肉）

爆发时间：2011 年 4 月

爆发源：添加剂超量

具体事件：2011 年 4 月，合肥、南京等多地的一些熟食店、面馆为牟利而用牛肉膏将猪肉变牛肉。专家指出，食品添加剂在一定安全剂量内食用，并无危害，但若违规超量和长期食用，则对人体有危害，甚至可能致癌。

10. 事件名称：京津翼“地沟油”机械化规模生产

爆发时间：2011 年 6 月底

爆发源：地沟油

具体事件：2011 年 6 月底，“新华视点”初步揭开了京津冀“地沟油”产业链的黑幕。调查发现天津、河北甚至北京都存在“地沟油”加工窝点，其加工工艺科技含量高，产业链庞大并以小包装的形式进入超市。

11. 事件名称：浙江检出 20 万克“问题血燕”

爆发时间：2011 年 8 月

爆发源：亚硝酸盐

具体事件：2011 年 8 月，浙工商在流通领域食品质量例行抽检中发现，血燕中亚硝酸盐的含量严重超标 350 倍之多，这些血燕产品多从广东、厦门等地进入我国，主要源自马来西亚等国家。

12. 事件名称：染色馒头（食入多量危害健康）

爆发时间：2011 年 4 月初

爆发源：香精、色素

具体事件：2011 年 4 月初，有媒体爆出在上海市浦东区的一些超市的主食专柜都在销售同一个公司生产的三种馒头：高庄馒头、玉米馒头和黑米馒头。这些馒头都是回收馒头中加香精和色素加工而成。

13. 事件名称：沈阳查获 25 吨“毒豆芽”

爆发时间：2011 年 4 月

爆发源：亚硝酸钠、尿素、恩诺沙星、6-苄基腺嘌呤激素

具体事件：2011 年 4 月，沈阳市公安局皇姑分局端掉 6 个黄豆芽黑加工点，查获掺入非食品添加剂豆芽 25 余吨，据了解，这些豆芽中被检测出亚硝酸钠、尿素、恩诺沙星、6-苄基腺嘌呤激素等有害物质。

14. 事件名称：北京惊现美容猪蹄

爆发时间：2011 年 10 月 17 日

爆发源：火碱、双氧水

具体事件：10 月 17 日，通州工商分局联合公安等部门联合执法，查扣八里桥市场肉类交易厅部分在售猪蹄，并送至检测机构进行检验。据了解，八里桥市场有部分商户使用火碱、双氧水等化工原料炮制猪蹄。

15. 事件名称：内部员工爆到期产品回炉黑幕

爆发时间：2011 年 4 月 12 日

爆发源：回炉面包

具体事件：2011年4月12日，广州某面包店内部员工爆料称他工作的地方将过期产品回炉继续销售，“再生面包”在厂里是公开的秘密。面包回炉再造已有3年历史，而公司迄今未接到过吃面包导致食物中毒的投诉。

16. 事件名称：南京查处鸭血黑作坊

爆发时间：2011年12月

爆发源：膨大剂

具体事件：12月，据有关媒体的报道，在南京六合大厂丁家山路上，藏匿着一处黑作坊非法生产鸭血。仅三四斤原料，加入添加剂后即可生产多达10千克的鸭血，“膨大”近5倍。

17. 事件名称：重庆查处5个制销潲水油窝点

爆发时间：2011年5月5日

爆发源：潲水油

具体事件：5日16时许，根据举报群众提供的线索及区公安局前期摸排走访的情况，南川县公安局刑侦、经侦、派出所共计30余警力，会同相关部门执法人员赶赴当地大观镇、河图乡一举端掉5个制售潲水油窝点，共查获潲水油56桶约2吨，扣押正在运送潲水油的货车一辆。

18. 事件名称：东莞地下作坊日销上万黑粽

爆发时间：2011年5月19日

爆发源：黑作坊

具体事件：5月19日上午，高埗镇综合执法部门的巡逻人员发现这个地下作坊，查获了6 000多个待售的粽子。“按道理被查封后，不敢再开的，哪知后面几天还是天天出货，而且量是越来越大”，有居民说。据称，被查处的第二天，地下作坊就复工了，相关部门只好再一次进行查处。

19. 事件名称：广东中山出现毒“红薯粉”

爆发时间：2011年4月23日

爆发源：墨汁、石蜡

具体事件：2011年4月23日中山市质监局根据市民投诉捣毁了一大型“墨汁石蜡红薯粉”生产工厂，昨日稽查人员联合警方抓捕工厂老板罗某父子。共查获265袋问题粉丝。

20. 事件名称：香精包子

爆发时间：2011年9月15日

爆发源：香精

具体事件：2011年9月15日北京查封多家打着“蒸功夫”旗号添加香精的包子铺。据了解，这些包子铺并不是北京蒸功夫餐饮管理有限公司旗下的，绝大部分都是一些安徽安庆老乡经营的假“蒸功夫”。他们非法使用香精，对人体健康造成严重危害！蒸功夫方面表示，他们早就想打假了，一直屡劝未果！

21. 事件名称：暗访市场带淋巴“血脖肉”

爆发时间：2011 年 5 月 17 日

爆发源：血脖肉

具体事件：一些市民喜欢在路边的小摊上买包子当早餐吃，可谁会想到这种肉包子的馅料有可能是未剔淋巴的“血脖肉”呢？近日，有读者向本报报料，西安不少生肉市场上，“血脖肉”正在热销。

22. 事件名称：肯德基炸薯条油 7 天一换

爆发时间：2011 年 8 月 17 日

爆发源：炸薯条

具体事件：肯德基内部员工称，肯德基炸制薯条的油是 7 天换一次，炸鸡用油是 4 ~ 5 天换一次。“盛油的机器只有到了深夜才停，一整天不停地炸。炸薯条的油到后来都变黑了，炸鸡的油最后是土黄色的。”这位员工说，每天晚上，都会有工作人员把这些油中的油渣滤掉，第二天继续使用。

23. 事件名称：俏江南南京店陷“回锅油”

爆发时间：2011 年 9 月 19 日

爆发源：回锅油

具体事件：地沟油问题格外引人关注。“俏江南”南京店也卷入了地沟油风波。该店大堂经理称，“水煮鱼的油都是给员工自己用了。”

24. 事件名称：山西老陈醋 95% 为醋精勾兑

爆发时间：2011 年 8 月 8 日

爆发源：醋精

具体事件：有媒体称，全国每年消费 330 万吨左右的食醋，其中 90% 左右为勾兑醋。当记者就这一传言向业内人士求证时，山西醋产业协会副会长王建忠透露了更惊人的消息：市场上销售的真正意义上的山西老陈醋不足 5%，也就是说，消费者平常喝的基本都是醋精勾兑的。

案例分析

[案例一]

“三鹿事件”敲响食品质量安全警钟

“三鹿婴幼儿配方奶粉事件”是一起典型的严重食品质量安全危机。据事后估算，一共需要召回问题奶粉总量超过 10 000 吨，涉及退赔金额 7 亿元以上，而患者的索赔评估在39亿元左右。2007年年底三鹿在全国的销售额达到100亿元，品牌价值149亿元，总资产16.19亿元，负债3.95亿元。问题奶粉事件后，品牌价值荡然无存，算及退赔金额，三鹿集团已经严重资不抵债。2008年12月23日，石家庄市中级人民法院宣布三鹿集团破产。

随后伊利、蒙牛等一线知名品牌相继被卷入，两个交易日内，伊利股份累计跌幅高达15.34%，大部分生产线均处于停产状态。而在香港上市的蒙牛乳业由于发布相关信息而停牌，复盘后开盘即暴跌60%，一日内市值就蒸发188.22亿港元。除了短期内相关企业直接的利益损失，整个链条，以及链条之间的企业主体、产品结构、相互关系都将发生巨大的变化。

“三鹿事件”后，许多国家限制对中国乳制品的进口，这直接导致自2008年10月起我国乳制品出口量的骤降。根据海关统计资料显示，2007年我国乳品出口达到13.5万吨，较上年同期增加157.28%，其中奶粉出口超过6.2万吨，同比增长201.5%。“三鹿事件”爆发后，我国奶制品出口贸易严重受挫，2008年中国出口乳制品12.1万吨，同比下降10.4%；与此同时，进口奶粉利用消费者对国产奶粉的信任危机，以低价倾销的方式大量涌入国内市场。2008年进口乳制品35.1万吨，增长17.4%。乳制品进口额8.6亿美元，比上年增长15.8%。国产奶粉相对积压滞销，导致不少乳品企业停产倒闭，奶农效益下滑，一些地区甚至出现农民杀牛、卖牛苗头，奶业发展形势不容乐观。

“三鹿事件”所带来的不仅仅是企业的经济损失，更严重影响了乳制品的消费，消费者趋向寻找乳品替代品或者进口乳品。由此引起的食品安全信任危机，将由此笼罩着整个产业链条。

[案例二]

农业标准化建设的三大样板

山东寿光：全国农业标准化建设的一面旗帜

山东寿光市是著名的“中国蔬菜之乡”，也是全国农业产业化、标准化、国际化起步较早的地区之一。该市在产地环境、生产、流通以及责任制度各个环节建立了标准化监管体系，真正实现了“从农田到餐桌”的全过程监管。首先，落实投入品监管责任制，从源头上保证蔬菜质量安全。寿光市狠抓产地环境和农业投入品管理，将责任层层落实到有关部门和相关责任人。同时，加大农业投入品市场整治力度，及时查处剧毒、高残留农药和违禁农资经营行为。此外，还严格把好农业投入品广告审查审批关。其次，在生产环节，该市首先通过编印标准化知识手册、印发明白纸、举办专题讲座等形式，培训菜农10万余人次。提高基地建设水平，所有蔬菜基地严格按照标准进行管理和生产，建立健全蔬菜生产记录档案。再次，在流通环节，该市对进入市蔬菜批发市场的蔬菜进行普检，不合格的本地菜就地销毁，保证流通蔬菜质量安全。对于超市蔬菜质量安全管理，该市建立了统一配货体系，指定蔬菜供应商，统一采购，统一配货，严把蔬菜准入关，建立健全进货检查验收制度。最后是落实领导责任制，强化蔬菜质量安全组织保障。寿光市建立了蔬菜质量安全管理考评委员会和农产品质量安全监督管理办公室，监督管理和考核奖惩，每个乡镇也都设立了相应的机构，专人专管农产品质量安全。

山西长治：农业标准化示范区建设经验引起全国关注

山西长治市是全国申报批准绿色农产品最多的市和两家“国家级农业标准化综合示范市”之一。近年来，该市在市县两级成立了“农业标准化工作领导小组”，协调农业、质监、林业、畜牧、水利等有关部门工作，加强了对农业标准化工作的统一领导，形成了政府牵头、职能部门主抓、相关部门联动、千家万户响应的“大合唱”。同时，制定出台一系列配套性文件，加大了对农业标准化的扶持力度，先后从财政拨出1 000万元专项资金，组建了农业产业化龙头企业贷款担保公司，并拿出400万元支农资金对农业产业化龙头企业标准化生产实行奖励和支持，每年列入300万元财政专项资金，对农业标准化示范区建设给予扶持。该市按照“公司+基地+农户+标准”的模式，发展了25个国家级农业标准化示范区。在示范区内对农产品生产全过程实施统一供种、统一施肥等“五统一”管理，显著提高了农业产出效益，大幅度增加了农民收入。目前全市农产品注册品牌225个，并连续3年投入专项资金500多万元，使127个农产品获得国家绿色产品标志认证，绿色农产品销售收入近20亿元。该市还先后制定出台了《长治市绿色（有机）食品标准化生产操作规程》等21个生产技术标准，采纳制定56项绿色农产品生产技术操作规程，推广了30种标准化高产高效种植模式，另外还承担制定了《原产地域产品沁州黄小米》国家强制性标准。

江苏盐城：农业标准化建设经验引起全国关注

江苏盐城市的主要做法是：从规划入手，建立“两个机制”，即体现优质优价的动力机制和市场准入的约束机制，使按照标准化生产的农产品能卖出高价钱。同时，大力实施三项工程，即放心基地、放心龙头加工企业、放心市场。在此基础上，该市着力推进农业标准化六大体系建设：一是从基础工作抓起，建立和完善农业标准质量体系。按照市场准入要求，对出口创汇的外销产品，引进了欧、美、日、法等国际先进标准作为执行标准；对目标市场在大中城市和发达地区的，则引进了上海、广州、杭州等发达地区质量标准作为执行标准；对一般产品的生产则普遍采用国家、省级、行业标准。二是从生产基地抓起，建设标准化生产示范体系，先后建立了名牌产品、绿色食品的生产标准化建基地、特色产品生产标准化建基地、出口创汇产品生产标准化建基地、主导产业的标准化生产建基地。三是从改造龙头加工企业入手，建立农产品加工体系。该市全面推行 ISO 9000 系列认证，推进加工企业实现达标生产。四是从质量控制监督入手，建立农产品质量和监测体系。该市采取“统筹规划，突出重点。资源共享，分层联网”的原则，初步形成了多层次检测网络。五是从衔接产销入手，建立健全营销网络体系。该市积极引导各类经营实体经营无公害、标准化农产品，提高标准化农产品营销水平。六是从提高服务水平入手，进一步完善农业信息服务网络体系。该市成立了农业信息中心，建立了“沿海农网”网站，实现了信息的收集、筛选、发布的双向服务。

第六章

农业企业如何进行营销管理

农产品营销是指农产品从生产者到消费者的转移过程中，生产经营者为了满足消费者需要，同时实现自身目标而采取的一系列创造性的活动，例如，生产、采集、加工、运输、批发、零售和服务等营运活动。对农产品市场进行调查研究，根据市场需求生产出符合市场需求的产品，然后以合理的价格借助有效的宣传，通过高效率的流通渠道把农产品在人们需要的时间和地点销售给消费者。农产品市场营销的主体是从事农产品生产和经营的个人和组织，如农业企业。农产品营销活动贯穿于农产品生产和流通、交易的全过程。

农业企业的营销管理就是指农业企业组织对农产品营销活动进行的计划、组织、指挥、协调、控制活动。主要包括农产品的营销战略管理、农产品的品牌管理及农产品营销渠道管理。

一、农业企业营销战略管理

有专家认为，农产品发展的关键在于销售。经过十几年的发展，全国的农产品产业有了长足进步，市场结构已初步形成。但随着产品种类和数量的不断增多，农产品的市场营销问题日益突出，成为制约农产品产业进一步发展的瓶颈。为此，深入研究农业企业营销战略管理问题，具有较强的现实意义。农产品营销战略管理过程主要包括营销环境分析及营销策略的选择。

（一）农产品营销环境分析

1. 国际环境分析

自从加入世贸组织以来，我国农产品国际营销环境有了很大改变，享受世贸组织的现有 156 个成员国的非歧视贸易待遇，降低了农产品贸易谈判成本和交易成本，从客观上改善了农产品国际营销环境。2011 年 1 ~ 8 月，我国农产品贸易出口总额为 385. 4 亿美元，同比增长 27. 7% 。我国大米在日、韩等国市场具有相当的竞争力，出口到欧盟的红薯也解除了歧视性的数量限制。

但是，发达国家和新兴工业化国家目前实施的"绿色壁垒"抬高了我国农产品国际营销的门槛，加大了农产品国际市场开拓的难度。例如，美国等国家对我国农产品中化学物质的限量更加苛刻。花生一直是我国主要的油料作物和传统出口农产品，其总产、单产和出口量居世界首位，与美国、阿根廷并称为三大花生出口国。近年来虽然年产量在增长，但出口量却严重下滑，其重要原因在于我国出口花生在安全卫生检疫中的关键性指标——黄曲霉毒素的含量达不到国外标准的要求。由于质量不符合国外环保技术标准要求，出口数量受到限制，产品价格下滑。我国的传统农产品中的茶叶、蜂蜜等，近些年来同样由于产品中农药残留量超标，在国际市场上失去了优势地位。

绿色壁垒虽然对我国农产品国际营销造成了障碍，但只要加强部门协作，建立健全农产品质量安全保证体系，强化农产品源头管理，推进农业标准化，就能促进农产品优质化，增强我国农产品国际竞争能力。事实上，我国大部分农产品企业已拥有自己的生产基地，实现了标准化生产，并逐步建立起科学、有效的质量监控体系。截至 2011 年年底，我国已颁发有机产品认证 9 337张，获得认证的有机生产面积达到 200 万公顷。

2. 国内环境分析

随着国民经济的持续快速稳定增长，居民收入不断增加，购买力不断增强，农产品消费需求开始转向健康、安全、方便、绿色天然食品。同时，2004 年中央"一号文件"锁定"三农"，各级政府纷纷采取各种措施促进农民增收，为农产品营销创造了良好的宏观环境。

我国农产品资源丰富，为深加工提供充足的原料。2011 年全年粮食产量 57 121 万吨，比上年增加 2 473 万吨，增产 4.5%。其中，夏粮产量 12 627万吨，增产 2.5%；早稻产量 3 276 万吨，增产 4.5%；秋粮产量 41 218万吨，增产 5.1%。全年棉花产量 660 万吨，比上年增产 10.7%。油料产量 3 279万吨，增产 1.5%。糖料产量 12 520万吨，增产 4.3%。烤烟产量 287 万吨，增产 5.1%。茶叶产量 162 万吨，增产 9.9%。全年肉类总产量 7 957万吨，比上年增长 0.4%。其中，猪肉产量 5 053万吨，下降 0.4%；牛肉产量 648 万吨，下降 0.9%；羊肉产量 393 万吨，下降 1.4%。年末生猪存栏 46 767万头，增长 0.7%；生猪出栏 66 170万头，下降 0.8%。禽蛋产量 2 811万吨，增长 1.8%。牛奶产量 3 656万吨，增长 2.2%。全年水产品产量 5 600万吨，比上年增长 4.2%。其中，养殖水产品产量 4 026万吨，增长 5.2%；捕捞水产品产量 1 574万吨，增长 1.9%。全年木材产量 7 272 万立方米，比上年下降 10.1%。

我国已初步形成以批发市场为中心，各类市场均有所发展的农产品市场体系。截止到2010年，以批发为主的农产品交易市场有8 699个，占全部农产品交易市场的14.6%。但是，批发市场存在现代化水平低、经营功能单一、各批发市场间联系不紧等问题。期货市场方面，美国期货业协会(FIA）发布了对全球75家衍生品交易所成交量（含集中清算的场外交易量）排名的最新统计。数据显示，2011年上半年，国内上海、大连、郑州三大商品期货交易所期货品种成交量全球排名升降不一。其中，郑州商品交易所品种排名有所上升，而大连商品交易所和上海期货交易所品种排名皆有不同程度的下降。尽管如此，在全球排名前20的农产品期货和期权成交量排名中，国内期货品种占据近半壁江山。网络销售方面，我国大部分省市建立了农业信息中心，县级农业信息中心也正逐步建立，大部分农业高校和农业科研单位已经联网，建成了一些大型的农业信息数据库。信息技术和网络应用在我国农业部门和农村里发挥作用，实现了农产品跨区域交易，网上交易前景广阔。

（二）农产品营销策略的选择

结合我国农产品的营销环境和供求现状，运用现代营销学理论，采用各种营销策略，以农产品差异化策略、产品策略、营销渠道策略等为重点，推动农业企业产品销售。

1. 差异化策略

农产品差异化营销是指农业企业通过向消费者提供不同于其他企业的农产品和营销过程而取得竞争优势的一种营销策略。主要从两个方面求得差异化：一方面是向消费者提供不同于竞争对手的产品，即营销产品的差异化；另一方面则是采取与竞争对手不同的形式或程序，即营销过程的差异化。运用差异化营销策略将有利于我国农产品保持在市场上的竞争优势。农业企业应从以下方面进行差异化营销。

（1）品种差异化竞争。品种差异化是差异化营销策略的基础，大众化的农产品市场正发生分化，可以根据各区域地理条件的差异来选择农特产品的种植种类，而且，品种多样农产品也能满足人们日益多样的消费需求。不断发展农产品新品种种植，也是增强农产品比较优势的有力手段之一。例如，山东“板栗世家”推出的板栗粥就是差异化竞争的典型事例。

（2）质量差异化竞争。长期以来由于人口压力，我国农产品生产只重视产量而忽视质量，导致我国某些农产品产量虽大，但质量水平较低，无法在国内、国际市场上取得竞争优势。质量差异化竞争就是要提高农产品的科技含量，做到“人有我优、人有我精”。并且可以通过质量检测认证标准来突出农产品的优质。新疆和田枣因其个头大，核小，肉多有弹性，味甜，口感好深受消费者喜爱，价格居高不下。

（3）产品定位的差异化竞争。在农产品同质化的情况下，营销定位并不仅仅包括产品方面，还可选择在价格、渠道、传播方面的定位。这些是通过价格、渠道、传播作为定位的备选要素来强化产品定位。我国农产品可在产品的属性定位、产品的利益定位和产品的价值定位上下工夫。例如，“农夫山泉有点甜”，五谷道场方便面的定位是“非油炸”等。

（4）时间错位的差异化竞争。时间错位的差异化竞争可以运用大棚栽培技术和温室效应人工创造农产品的生长环境，使农产品提前或延后上市，也可以运用现代科技加强对农产品的保鲜、贮藏，使农产品拉长销售期，变生产旺季销售为生产淡季销售或消费旺季销售。

（5）销售对象的差异化竞争。我国农产品的销售对象既有国内市场，又有国际市场。针对国内市场，可以将其分为贩运商市场、批发商市场、零售商市场、加工商市场和消费者市场。根据各个市场的特点销售农特产品。对加工商提供的产品及包装与对批发商提供的是相异的。农业企业应根据农产品本身的特性和优劣势选择一个或多个目标市场。

针对国际市场，可将其分为欧美等发达国家市场、亚洲市场和发展中国家市场。发达国家居民整体消费水平高，是最大的鲜活农产品进口地。因此，我国农产品出口仍然要以这些国家为主要对象。由于地理上的接近和文化上的相似性，我国农产品也出口亚洲市场，主要有日本、韩国等东亚国家和地区以及东南亚地区。由于发展中国家和经济转型国家是拓展农产品出口的重要对象，禽肉及牛羊肉制品正在打入中东市场。现在拓展发展中国家市场，一方面是为了占领长期市场，为将来的扩大出口打下基础；另一方面是为了将来能在其境内设立加工企业，将国内产品进行加工，再间接出口到发达国家。

（6）营销渠道的差异化竞争。总体来说，我国农产品的销售终端主要以农贸市场为主，连锁店和超市的销售量只占较小份额。要提高农产品营销的效率，就必须在营销过程中利用现代的商业组织形式，采取多方式、多渠道销售，做到连点成线、连线成面，扩大农产品的覆盖率。

（7）外形包装的差异化竞争。我国农产品的差异化包装应涵盖两个步骤。一要确保产品达到所宣传的品质和特性；二要将公司的优势，如技术水平、售后服务特色和对渠道的管理水平等作为卖点，针对产品本身的功能特点，赋予其新的概念。

但是，奉行差异化战略也有一定的风险。实行差异化战略的农产品生产成本可能较高。另外，随着企业所处行业的发展进入成熟期，产品的优点也很可能为竞争对手所模仿，削弱产品的优势。如果这时不能推出新的差异化营销举措，那么生产者将由于价格较高而在竞争中失势。

2. 产品策略

以市场需求为导向，依靠农业科技，开发出市场潜力大、竞争力强的“新优名特”的绿色、安全农产品。

（1）新产品开发策略。以高校、农业科学院所或企业内部研发中心为依托，瞄准目标市场，在“新”、“优”上下工夫，通过品种创新、生产方式创新、加工工艺创新等形式开发新产品，特别是开发市场需求量大、消费者反应良好的绿色、无公害农产品。另外，基于农产品的通用性，应重视农产品的“非农用途”，例如，新培育的“珍珠”番茄、“樱桃”番茄、“红玛瑙”番茄等具有相当的观赏和营养价值。

（2）产品组合策略。积极推进农产品深加工，拓展农产品的宽度，增加产品线，并延长产品线的长度，以满足现代城镇居民的多层次需求。经过深加工的农产品不仅附加值高，并且克服了鲜活农产品不宜贮藏、运输和保鲜的缺点，同时，加工后的产品不受季节和地域的限制，销售半径增大。例如，水果可以加工成果脯、果干、果汁和各种饮料，满足不同消费者的需要。山东枣庄的石榴产业链，依托高校开发出石榴茶、石榴酒、石榴汁等保健系列产品，畅销全国各地，并远销菲律宾、泰国和奥地利，取得了良好的效益。

（3）产品品牌策略。名牌农产品是农业各产业中质量水平高、消费信誉好、市场占有率大、经济效益显著的产品。它是农产品质量的象征。因此，对部分有开发潜力的农产品要实施品牌化战略，将 ISO 14000 及国家农产品质量标准全程引入到农产品的各个环节，通过统一品种、技术、品牌，打造名牌农产品。同时，通过各种媒体对名牌进行宣传，提高其知名度，打造具有国际竞争力的名牌农产品。近年来，随着我国名牌战略的不断推进，逐步形成了以山西红粉仙桃、新疆哈密瓜、云南雄胆、海南人参果为代表的大批中国名牌农产品。名牌农产品在推动农产品销售中将发挥更大的作用（详见本章第二节）。

3. 营销渠道策略

美国的安妮·科兰认为：“营销渠道就是一系列相互依赖的组织，他们致力于促使一项产品或服务能够被使用或消费的这一过程”。

农产品营销渠道也叫农产品分销渠道，一般是指由参与商品所有权转移或商品买卖交易活动的农产品中间商所组成的统一体，它是农业企业分销的载体。营销渠道的起点是生产基地或农业企业，终点是消费者。而营销渠道包括农产品生产制造商、经销商、批发商、代理商、终端零售商、经纪人、消费者等。这一渠道可直接可间接，可长可短，可宽可窄，视具体企业、具体农产品的不同而不同。

农产品大多都是人们的生活必需品，在人类生活中不可或缺，其应用的领域也比较广。农产品的这个特点决定了其营销渠道很复杂（详见本章第三节）。

4. 绿色营销策略

目前，我国市场对绿色农产品的需求增大，绿色日益成为消费的主导。因而农产品在注重培养自身区域特性的同时，要注重培育无公害的绿色农产品，进行绿色营销，才能增加市场附加值。

农产品的绿色营销是指以促进农业可持续发展为目标，农产品市场为主体根据科学性和规范性的原则，通过有目的、有计划地开发及同市场主体交换产品价值来满足市场需求的一种管理过程。农业企业实施绿色营销策略的思路如下。

（1）树立绿色营销观念。农业企业应该比其他企业更深刻地认识到绿色营销是企业长期生存和发展的必然选择，一方面努力实现产品生产、流通、销售过程中节约资源、减少污染的环保要求；同时，要做好宣传教育工作，以提高农产品生产者和销售者的环保意识。

（2）搜集绿色信息。主要包括绿色消费信息、绿色科技信息、绿色资源和产品开发信息、绿色法规信息、绿色竞争信息和绿色市场规模信息等。农产品企业应该对绿色信息具有敏锐的反应，并将其作为绿色营销的指导。例如，2003 年 11 月 30 日中国政府宣布实施《ISO 14020 系列标准》，以指导公众的绿色消费，这一国际标准指出，流行在市场上容易误导消费者的 8 种说法（包括“对环境安全”、“对环境友善”、“对地球无害”、“没有污染”、“绿色”、“自然之友”、“不会破坏臭氧层”以及“可持续性”）禁止在产品包装和说明书中使用。如果农产品忽视这些绿色信息，使用了这些术语，会给农产品形象造成不利影响。

（3）重视绿色包装。目前，市面上流行的包装方式和包装材料，往往造成资源的大量浪费和环境的严重污染，例如，塑料袋、易拉罐等需要 100 年以上的时间才能分解。绿色包装要求采用以自然、和谐、绿色为背景的绿色包装策略，在设计产品包装或装饰时要考虑其残余物对环境的影响，使其符合“可循环”或“可生物分解”的要求。包装上的绿色含量大有文章可作，目前，很多省市都在研究如何实现“零度包装”。

（4）争取绿色标志。环境标志是一种印在商品或其包装上、用以表明该产品生产、使用及处理过程符合环境保护要求的图形，其作用一是引导消费者选购产品时参与环保活动；二是同价格、质量一样，成为重要的市场竞争因素。从西德在 1978 年实施“蓝色天使”计划以来，世界很多国家都实施了环保标志，但只有《ISO 14020 系列标准》才是为世界各国所接受的统一规则，它被称作管理世界各国绿色标志或环保标志的证书，给绿色产品提供了一个精确的标尺。农产品企业要积极争取这一国际通用绿色环保标志，提高产品竞争力。

（5）选择绿色促销渠道。农业企业可以借鉴发达国家的经验，尝试开设专门的“绿色市场”或“绿色商店”，也可以选择合适的商场、超市或其他中间商，设立“绿色专柜”或“生态柜”、“生态角”，以回归大自然的装饰招徕顾客，宣传企业和产品。绿色农产品企业可以不失时机地参与“绿色”餐饮业的合作，共同开发，这将是一种很有前景的促销渠道。同时，农业企业的绿色农产品促销应努力将产品信息传递与绿色教育融为一体，使促销由单纯传递无污染、无公害的绿色信息，转化为对节省资源、保护环境的绿色教育，使消费者从关心广告产品“是否对我有害”转变为“我要关心爱护环境”。

（6）提供绿色服务。所谓绿色服务是指产品在售前、售中和售后过程中以节省资源、减少环境污染为原则的全过程服务。随着我国农业经济的发展，农业企业应尽快提高服务质量，进行绿色服务培训，使其真正意识到绿色服务的重要性，树立为消费者提供“绿色服务”的精神并形成相应的营销文化。

二、农业企业产品品牌管理

现代社会中无论是生产者还是消费者，在生产销售和购买商品时，该商品的品牌在各自的决策中占有重要的地位。商品的品牌知名度高、公认的名牌，对买卖双方都会带来较大的利益。农产品与其他消费品相比，产品的品牌建设相对较滞后，尤其在我们国家。随着人们生活水平不断提高，对农产品的质量提出更高的要求，对农产品品牌需求开始越来越迫切。因此，农业企业在生产和销售农产品时必须树立品牌意识，在提升农产品质量和档次的基础上，创建农产品品牌，实施品牌经营战略。

（一）农产品品牌的概念

品牌是给拥有者带来溢价、产生增值的一种无形资产，它的载体是用以和其他竞争者的产品或劳务相区分的名称、术语、象征、记号或者设计及其组合，增值的源泉来自于消费者心理形成的关于其载体的印象。

农产品品牌包括农业区域品牌和企业品牌两类，是农业生产者为满足消费者个性化需求，培养顾客对产品的忠诚度，用于农产品的差异化竞争而区别于其同类或相似的农产品或农业服务的名称、图案、象征或设计，是农产品或农业服务具有较高市场占有率、影响力和声誉的象征。例如，东北的“盘锦大米”、“安溪铁观音”等。

（二）农业企业生产、销售中实施品牌建设的意义

我国是世界农产品第一生产大国，却不是农业强国，更不是农产品品牌大国。在传统农业中，农民经营的农产品一般没有品牌，属于无品牌商品。随着生产力水平和生活水平的提高，农产品市场逐步转型，农产品的品牌化战略具有多方面的现实意义。

1. 便于农产品消费者识别商品的来源

这是营销中品牌的最基本作用，是生产经营者给自己的商品赋予品牌的出发点。在市场上，特别是连锁超市中有众多同类农产品，这些农产品是由不同的生产者生产的，消费者在选购时，就以不同品牌加以区别。

2. 便于宣传推广农产品

商品进入市场有赖于各种媒体进行宣传推广，品牌是一种重要的形象，商品流通到哪里，品牌就在哪里发挥宣传作用。品牌是生产者形象与信誉的表现形式，人们一见到某种商品的牌子，就会迅速联想到商品的生产者、质量与特色，从而刺激消费购买。

3. 有助于降低消费者的购买风险，增加产品的顾客让渡价值

随着科学技术的快速发展，农产品的差异也越来越大，有时消费者在购买农产品时难以辨别产品质量的好坏，还有可能受经销商的价格欺诈。品牌农产品以企业信誉作出承诺，以品牌作为质量标志，给消费者提供品质上的保证，并且品牌可以作为质量之外的风味、口感等指标的选择标准。对消费者来说，农产品品牌化可作为消费参考，从中获得大量的产品信息，了解农产品质量，区别选购农产品，形成品牌消费习惯，获得更大的消费价值。

4. 品牌是农产品市场竞争的重要工具

在市场竞争中，名牌产品借助于名牌优势，以较高的价格获取超额利润，或以相同的价格压倒普通品牌，扩大市场占有率。品牌的出现，为农业产业化经营注入了新的活力，一个好的品牌可以带动一个产业，富裕一方农民。

（三）我国农业企业品牌经营中存在的问题

经过近年的发展，我国农业企业的品牌建设取得了一定成绩，各类农产品都有地方品牌或国内品牌，有的甚至走出国门，在国际上享有盛誉，但其间也存在着以下问题。

1. **农产品品牌意识淡薄**

我国各地农产品丰富，具有地方特色的名、优、特农产品和“老字号”农产品为数不少，但这些产品的生产者品牌意识不强甚至没有品牌意识，没有意识到品牌对于提升农产品档次、提高市场竞争力和市场价值的巨大作用，没有把品牌看做是影响自身长期发展的资源，认为品名、商标、标识等品牌要素是外在形式，是无关大局的东西，不懂得品牌是生产者和产品走向广阔市场和获得消费者广泛认知的通行证，以致诸多名、优、特农产品尚无品牌，在市场上没有“名分”，无名难得有位，更谈不上市场竞争和市场价值了。

2. **忽视农产品品牌内涵建设**

品牌只是农产品的外在表现，它要通过农产品本身的内涵才能显示品牌的优越性。农产品品牌内涵包括地域文化、区域优势资源、特色产品、农产品的质量、无公害、无污染、环境等。在创建农产品品牌时，要注意注入这些内容，不能忽视农产品品牌内涵的挖掘和深化。

3. **农产品品牌传播渠道单一**

在现代农产品营销观念尚未广泛形成的背景下，农产品的销售仍然保持由“生产者—批发商—零售商—消费者”的传统模式，品牌传播渠道单一，品牌空间狭小。随着市场经济的发展，这种单一的营销和品牌传播渠道已经不能适应品牌农产品的建设与发展。

4. **农产品品牌质量和信任度不高**

质量是产品的生命线，农产品也不例外。树立农产品品牌形象的根基还是产品的质量和消费者的信任，这两个因素直接影响和决定着重复购买行为，影响着品牌的认知和传播。而市场上有些农产品的产品质量和品牌质量不高，安全性、营养性等方面不能达标，消费者对品牌标识的真伪以及是否符合质量安全标准没有把握，特别是近年来出现的食品安全事故，例如，2008 年出现的“三聚氰胺”事件以及近期各大网站报道的“南山奶粉 5 批次含强致癌物，光明奶油上‘黑榜’”等，降低了消费者对品牌的信任。

5. **政府对农产品品牌的引导和扶持政策落实不够**

实施农产品品牌是一个系统工程，单靠农业企业本身作用是有限的。许多地方政府对农产品品牌建设给予了高度关注，制定了一些地方性的政策和指导性意见，但真正落到实处的不多，真正能解决农产品品牌建设过程中实际问题的措施不多。品牌涉及农产品的生产运营模式、技术支持、市场开拓、品牌策划、品牌推广、上下游关系、公共关系活动等，政府的引导作用没有发挥，扶持政策具体落实还不够。

（四）农产品营销中品牌建设的实施

农产品的品牌建设不是简单地起一个名字、设计一个商标，名字和商标只是表象（当然农产品品牌建设中也是需要的），它包含有许多内容，消费者是通过农产品的内容而记牢该农产品的品牌，所以农产品营销中的品牌建设策略重点有以下几点。

1. 农产品品牌的内涵策略

农产品品牌建设是一个系统化工程，从内涵的角度分析品牌策略，主要有以下几种。

（1）良种化策略。当前农产品市场出现的“菜贱伤农”，主要原因是大众化产品过多，要大力实施“良种工程”，加速淘汰滞销品种，以质取胜。

（2）净菜化策略。净菜上市满足了居民生活快节奏、高效率的要求，现在正向小包装方向发展，经产地整理、消毒无菌、分级包装，然后上市，市场十分热销。尤其是速冻菜、真空保鲜菜便于贮存和运输、远距离销售和出口创汇。

（3）乳化策略。烤乳猪、吃乳鸽、烤嫩玉米是人们崇尚嫩鲜农产品的表现，发展前景相当好。

（4）自然化策略。随着人们观念的更新，胃口的变化，不少消费者的口味正向自然化回归，热衷于自然产品，粮食兴吃粗粮，蔬菜兴吃野菜，禽畜兴吃草食禽畜，因此，天然、野生、土特型的农产品需求将不断增加。

（5）绿色化策略。当前许多消费者日益重视农产品安全，环保意识不断增强，回归大自然，消费无公害的绿色农产品已成为人们的共同向往。绿色农产品有利于增强人民的体质，改善生存环境，人们对绿色农产品越来越青睐。

（6）加工化策略。农产品加工是指以农产品生产中植物性产品和动物性产品为原料，通过一定的工程技术处理，使其改变外观形态或内在属性的物理及化学过程，同时也是通过一定的管理技术处理，使其由初级产品转变为制成品，连接农业生产与居民消费的经营过程。农产品加工可以延伸农产品的价值，提高农民的收入。

（7）地域标志策略。通过人们熟悉的地域标志，形成有名的农产品。例如，烟台苹果、河北鸭梨、四川榨菜、新疆葡萄干、西湖龙井、黄山毛峰等。

2. 农产品质量标准策略

农业企业品牌建设中应把农产品质量标准体系建设放在重要地位，它有利于提高农产品的质量、档次和安全性，从而获得较高的品牌知名度和美誉度，提高农产品品牌的社会信任度。农产品质量标准体系就是以质量为中心，以市场为导向，以科技为动力，以生产为基础，以农产品的等级制度为重点，建立农产品生产、加工、贮藏、销售全过程及操作环境和安全控制等方面的标准体系，把农业生产的产前、产中、产后各环节纳入标准化管理，逐步形成与行业、国家、国际相配套的标准体系。农业企业应当树立强烈的质量标准意识，把质量管理和品牌建设结合起来，严格按照质量标准体系进行全面管理，保证农产品的质量和安全，让消费者放心消费。

3. 农产品品牌传播策略

有些农产品的品质相当好，但就是知名度不高，主要问题在于对品牌的传播还不够。从农产品的特点看，要从两方面去突破。一是广告宣传，农产品的广告宣传在广度、深度、频次上必须加强；二是传播渠道方面，农产品品牌传播渠道的传统模式是“生产者—批发商—零售商—消费者”，要积极探索和实践新的农产品分销传播渠道，可以建设“农超”对接（农产品生产企业或生产者协会与大型知名连锁经营企业和超级市场直接对接）、直销专卖、订单营销、网络营销、农产品展销会、观光农业等渠道，拓展农产品品牌空间。尤其是大中城市采取“农超”对接是农产品销售和传播的最好途径之一。连锁企业和超级市场不仅可以形成规模经济效益，还可以减少农产品的中间流通环节，提高流通效率，降低流通成本，形成价格优势，使农产品以较快的流通速度和具有优势的价格直接呈现给广大的消费者，更有针对性地把农产品及其品牌信息广泛地传播。同时，连锁企业和超级市场还有利于保证农产品的质量、卫生和安全，杜绝假冒伪劣产品进入市场，起到品牌保护的作用。

三、农业企业产品营销渠道管理

近年来，农产品滞销给农民造成惨重损失的新闻报道不绝于耳。2008年陕西省新增水果种植面积 7 万公顷，水果种植总面积达到 95. 33 万公顷，产量 1 000万吨，约占全国总产量的 1/3，大约四成苹果积压在果农手中。2010 年 6 月，山东省潍坊市场上的西红柿价格一路狂跌，批发价降至 0. 4 元/千克，为近 10 年来最低；大量西红柿被倾倒在地沟里，农户损失惨重。2011 年内蒙古自治区农民大面积种植土豆，土豆丰收后滞销，精选后每千克土豆不到 0. 8 元，农民损失惨重，引起了社会各界的关注。2012 年，秭归的脐橙、江西的山药等一些特色农产品纷纷出现滞销。

上述案例究其原因，无非是农民在农产品销售上受数量制约，农产品销售渠道陈旧单一，大量的农产品交易靠农产品批发市场、零售店、不成规模的农产品营销渠道中介来进行。所以，调整和完善农产品营销渠道体系，有利于满足城乡居民的农产品消费需求，提高农户的经济收入和生产积极性，促进农产品生产持续发展，繁荣农产品市场。

农产品营销渠道是农产品营销学固有的内容，它伴随农产品营销的发展而发展。尤其在我国农产品买方市场形成和农产品市场国际化的背景下，农产品营销发展迅速，农产品市场已经从以供给管理为导向的营销观念转向以产品需求管理为导向。由于农产品营销渠道的建立、改造和创新具有时滞性，所以在农产品营销运作中，往往更注重产品、定价和促销等营销策略。但建立适应市场需求的农产品营销渠道，将会保持更持久的竞争优势。

（一）我国农产品营销渠道现状

1. 农产品营销渠道发育缓慢

我国农业企业营销渠道发育缓慢，旧有渠道结构在新市场条件下不能良好运作。我国农产品数量和种类呈逐年增多趋势，但是，营销渠道还是沿用20世纪80年代发展起来的传统渠道，这种传统渠道已经不能满足当前农产品数量和种类激增后的新要求，在新市场条件下不能良好运作。例如，2010年内蒙古土豆价格飙升，土豆经销商到田间收购价就高达2.4元/千克，种植土豆农民似乎看到了希望。于是，在2011年开始大面积种植土豆，期望天公作美，有个好收成。据统计数据显示，2010年内蒙古武川（内蒙古土豆主产区）土豆种植面积约为4.33万公顷，但2011年春季新增面积达0.53万公顷，增幅超过10%；同时，由于大量新进大户投入更多先进农机设备，单产能力突出，使得2011年土豆总产量达到了创纪录的55万吨，比上年的35万吨增长了50%以上。加上全国各地尤其是北方地区一些省市土豆全部丰收，整体供求过剩，造成尽管土豆大丰收却滞销的状况。当然内蒙古土豆滞销，渠道有限不是唯一原因，但却是主要因素之一。

2. 农产品营销渠道形式单一

我国农业企业营销渠道形式单一，制约了我国农产品营销能力。20世纪80年代以来，只有农贸批发市场、零售店、农产品营销渠道中介等几个传统营销渠道。从消费品分销渠道来看，其变化直接受消费者购买力的大小和支出模式的影响。消费者的购买力越大，市场容量就越大，整个分销渠道的内部分工就越细致，从而触及面越深越广，分销的产品和服务就越全面，分销的手段和形式就越新颖。同时，消费支出模式和消费结构的变化影响渠道运载的产品和服务种类，从而引起渠道内部的分化、重组，并促使新渠道的产生。而农产品也属于消费品，其对渠道的影响和需求与消费品是一样的。所以对我国农产品来说，消费者购买力在不断增大，市场容量也逐渐变大，但是农业企业的营销渠道却没有跟上时代步伐，而是远远落在后面，原地踏步，这种营销形式的单一性大大制约了农产品的营销能力。

3. 营销渠道参与成员过多，缺乏系统模式

分销渠道系统是一个由若干相互依赖的机构组成的网络系统。分销渠道的模式是指分销渠道成员之间相互联系的紧密程度。农产品的渠道参与人员包括数量非常庞大的各类生产者和各类消费者，并且还包括衔接两类成员的各类中间商。目前，我国的农产品中间商主要以私人和个体为主，规模小、实力弱。这些过多和过散的渠道参与成员对农产品的规模经济和系统模式的形成造成了很大的障碍，而且由于参与成员过多，使得利益需重新分配、农产品信息多而可有效利用信息偏少、地区保护主义等相关问题普遍存在。

（二）我国农业企业营销渠道的选择

把握中国加入 WTO 的有利时机，充分利用国内国外两个市场，积极拓展农产品销售渠道，逐步形成“期货市场 + 企业型的综合批发市场 + 专业批发市场 + 大型超市 + 集贸市场”的大商业大流通格局。

1. 批发市场销售

通过建立影响力强、辐射面广的农产品批发市场，集中销售农产品。具有销售量大、销售集中的特点，适于分散性和季节性较强的农产品。今后，要在原有基础上加快批发市场的体系建设，加强与国内外超市、各批发市场之间的业务联系，发挥综合优势；同时完善基础服务，实行企业化经营，引入代理、配送、拍卖等现代交易方式，实现工商、税务、保险一条龙服务，向着集产品展示、检疫检验、代理征税、资金结算、信贷支持等服务为一体的现代化物流企业集团发展。

2. 农业合作组织销售

通过区域性或全国性的农业合作组织销售。近年来，为适应国内外形势，相继出现了“荔枝”、“紫菜”、“龙眼”协会等。农业组织的存在，克服了分散经营的缺点，并为农户提供信息、技术培训等服务，有利于加强农户与市场的联系，降低市场风险。但我国农业合作组织的起步晚，基础薄弱，结构不完善，在国家大力支持的同时，各合作组织要不断自我完善，以服务“三农”，推动产业化进程为己任，完善提供信息、优良品种、科技指导、产品收购、加工和贮藏等服务，积极发挥其在需求发现和销售中的作用。

3. 网络渠道

利用现代信息技术，通过互联网络进行农产品的销售，可以无限量增加农产品的信息流和货物流，扩大产品的远程远期交易量，并节省交易费用，提高营销效率。例如，2011 年 5 月、6 月间，广西壮族自治区农业部门举办的农产品网上展销洽谈会，每天有 5 000 人次登录广西农业信息网，仅两个月时间签约产品 43. 26 万吨，合同金额 13. 35 亿元；成交产品 39. 7 万吨，金额 10. 01 亿元，交易成本仅是过去的 1/10，创造了较好的经济效益。自 2010 年下半年至 2011 年上半年近一年的时间，重庆市商委重点打造新农村商网、重庆特产网、奇易网 3 个网络促销平台，为该市农产品网上销售额增加了近 13 亿元。因此，要加快农业信息化建设，增加产前预测、产后信息加工等多种增值服务，可有效提高营销效率。

4. 期货市场销售

作为商品市场发展的高级形式，期货市场有力地推动了大宗农产品如小麦、大豆、棉花等的价值实现。其“未来价格发现”和“套期保值”在引导生产、稳定市场供需关系方面有着独特功能。河南通过“期货 + 订单 + 基地”的模式，农民种植优势小麦，使全省年收入增长 10 亿元。期货市场价格发现在规避市场风险中的作用有待进一步发挥，其市场交易行为须规范。

5. 外贸出口销售

根据内销不足、消费市场疲软的现状，要充分利用入世时机，积极发展对外贸易。例如，山西省第一大完全外向型特色产业——芦笋，依据资源优势（芦笋产量占全国 1/2，世界 1/3），经过精深加工，拥有罐头及速冻芦笋两大系列 30 多个品种，产品出口日本、美国、欧洲等，每年为农民创收 6 亿元。今后要参照国外标准指定质量标准组织生产，同时根据目标国的市场规模、市场需求等营销环境，促进优势农产品出口。

案例分析

[案例一]

“原产地”战略

西藏的冬虫夏草、红花，北京的二锅头、烤鸭，宁夏的枸杞，山东的大花生，新疆的葡萄等许多产品具有产地特点，也就是我们通常所说的“特产”。反过来，“品牌产地”（Country of Origin）形象对消费者品牌信念和品牌购买意向也起着明显的作用。购买商品时，上海制造往往意味着技术先进、品质优良；来自塞上草原，往往无污染的感觉；来自新疆、西藏的产品，又往往带有异域风情，风味独特。产地影响消费者对品牌的评价，进而影响购买行为。

去年夏天，我们策划了“丝路晨光”珍品油系列，该珍品油系列有小麦胚芽油、葡萄籽油、红花籽油、西红柿籽油4种产品，在这些产品中，有3种原料产自新疆，而且红花籽产自著名的红花之乡塔城，那里的红花品质堪称最佳；葡萄籽产自吐鲁番，吐鲁番的葡萄天下闻名；西红柿籽则来自塞外名城库尔勒。独特的产地优势赋予产品天然、纯净、健康、营养的形象，是最有冲击力、最富特色的品牌优势。因此，笔者在新疆产地上大做文章，把品牌定位为“来自西域的特种油”，把品牌名称提炼为“丝路晨光”。丝绸之路从长安经河西走廊至西域，“丝路”也成为新疆的一种代称，提到“丝路”就会想到新疆。著名的大型民族舞剧《丝路花雨》博采各地民间歌舞之长，在国内外享有很高的声誉；“新丝路模特大赛”也成为中国顶级的、影响广泛的时尚赛事。这些都给“丝路”赋予了许多文化、美学蕴涵，给人以文明、异域、浪漫、美的联想。“丝路晨光”，包含了产品最大的特点和独特的价值——新疆产地和健康功效，富于文化美感和朝气，与原品牌有传承联系，而且音律和谐，富于美的联想。“丝路晨光”丰富的内涵，完美地诠释了产品价值。

此外，笔者还在产品包装和宣传物上大打产地概念，用产地概念传递给消费者天然纯净、质量上乘、健康正宗的印象。最终，“丝路晨光”珍品油系列以优异的市场表现证明了“产地”战略的威力。

[案例二]

“原生态”战略

随着经济的发展和人民生活水平的提高，人们饮食健康意识越发明显。消费者对自然、健康、绿色的产品的需求正成为一种趋势。因此，自然、绿色便成为农产品深加工企业塑造自己品牌的有力支撑点。2006年年底，笔者在北京的公司迎来了几位来自甘肃的朋友。他们千里迢迢带来了几个十几斤重的籽瓜，还有几箱色泽金黄的饮料——籽瓜汁。他们利用当地得天独厚的农业资源优势，独辟蹊径，经过多年技术攻关，解决了国内外同行业为之头疼的“瓜好吃，瓜类饮品难做”的国际性难题，率先于2003年6月推出了籽瓜汁饮品，并申报3项发明专利，填补了饮料界尚无高档瓜汁类饮料的空白。

为提炼品牌名称，我们综合品牌策略、产品特质和客户意见，最终定为“东方瓜园”，寓意绿色、健康、美味，富于感染力和食欲感。为了提升产品的价值感，笔者把原来的产品名称“籽瓜汁”改为“籽瓜露”，一个“露”字，传递出自然、原生的信息，立即提升了产品的价值感。然后笔者将东方瓜园品牌定位为“现代人的时尚健康饮品”，并把其品牌核心价值定位为

“原生态”。

“原生态”这个词是从自然科学上借鉴而来的。生态是生物和环境之间相互影响的一种生存发展状态，“原生态”是一切在自然状况下生存下来的、未经过异化的东西，即回到事物本源看事物。现代文明的发展，不但没有使“原生态”贬值，相反日益成为消费者追捧的时尚。“原生态”旅游、“原生态”食品、“原生态”建筑、“原生态”文学、“原生态”教育等，方兴未艾。东方瓜园籽瓜露的“原生态”包含这样的信息：籽瓜是西瓜的母本，未经异化的原生品种；籽瓜露源于中国最大的最正宗的质量最好的籽瓜产地，纯正自然，返璞归真，品味原生。总之，“原生态”就是“自然、原生、健康”。产品推出后，大受欢迎，最近还被作为甘肃特色产品的经典代表，被2007年新亚欧大陆桥区域经济合作国际研讨会确定为指定产品。

[案例三]

“文化突围”战略

农产品透着“土气”，农产品深加工企业往往缺乏品牌资源整合能力，对农产品深加工产品的“文化”价值缺乏挖掘，不能用“文化”来提升品牌价值。其实，我国悠久深厚的农业文明，赋予了许多农产品深加工产品浓厚的文化底蕴，只要善于挖掘利用，便能策划出差异化十足的品牌和产品，增加品牌附加值。

前年6月，百年智业公司迎来了几位来自墨子故乡——山东滕州的客户，他们开发出了美味健康的板栗粥产品，为了进一步提升品牌价值，扩大市场，最终找到了北京百年智业。

栗子，与桃、李、杏、枣一样，为我国五大名果之一，也是一种文化韵味很浓的食品。栗子粥在民间历史悠久，也是受世人追捧的营养食品，有句俗话：腰酸腿软缺肾气，栗子香粥赛补剂。笔者紧紧抓住板栗粥美味、健康的核心利益点，并尽量挖掘板栗的文化底蕴，用文化诠释品牌和产品的价值，寻求文化和情感的认同。笔者为板栗粥产品提炼出以下的副品牌名称——“板栗世家”。“世家”出于司马迁《史记》，本是《史记》中一个重要组成部分。被编入《世家》的，除儒学宗师孔子和农民起义领袖陈涉之外，其余全部是皇胄或福勋之臣。其次，“世家”被指名门望族，例如，“金粉世家”、“名人世家”。另外，“世家”还指技艺高超、受人尊敬、世代相传的家族，例如，“中医世家”、“国画世家”、“书香世家”。“世家”意味着积淀，意味着文化，意味着技艺，意味着诚信，意味着价值。“板栗世家”的品牌名称说明了秉承传统工艺、结合现代技术的先进板栗粥制作技艺，饱含了板栗粥深厚的文化底蕴和独特的养生文化，诠释了“中国板栗粥第一品牌”的品牌定位。而且笔者已经将“板栗世家”作为注册商标，以合法的垄断手段，帮助客户提高竞争力。也就是说，“亲亲”、“银鹭”等方便粥业者未来可以跟进做板栗粥，共同将这个市场做大，但是“中国板栗粥第一品牌”、“中国最好的板栗粥”只有一个，那就是“板栗世家”。在笔者的策划下，“板栗世家”可以被模仿，但注定无法被超越。

在罐装方便粥市场中，板栗粥属于差异化产品，目前市面上几乎看不见同类竞争产品。2007年9月，“南海亚龙品牌战略发布会暨两岸著名策划人黄泰元先生演讲会”在山东滕州盛大举行。“板栗世家”板栗粥，这个还不是知名品牌的商品，吸引了全国各地数百名经销商参会，与会经销商对“板栗世家”差异化的包装、糯甜可口的味道称赞不已。笔者所做的题为“中国食品行业的变革与经销商的蓝海商机”的演讲更是引起了热烈的反响，听完笔者的演讲，经销商信心十足，纷纷签约，盛况空前，一上午就卖了600多万元的货物，使生产企业乐得合不拢嘴。

第七章

农业企业如何避免风险

一、农业风险概念及分类

所谓农业风险就是指农业领域（包括农业企业与农业项目）经营过程中引发或造成损失的不确定性。成功地识别和化解风险，是农业企业投资能否取得成功、求得发展的至关重要的环节。农业的特殊性决定了农业企业的特殊性，要识别、防范进而降低农业企业项目的投资风险，就必须了解和分析农业企业投资项目风险存在的内在特征，这对实现农业企业健康发展具有重要意义，农业风险主要有以下几类。

（一）自然风险

自然风险是指因自然力的不规则变化产生的现象所导致危害经济活动、物质生产或生命安全的风险。我国是一个自然灾害高发区，主要的自然灾害有水灾、旱灾、台风、冰雹、沙尘暴等气象灾害；风暴潮、海啸等海洋灾害；蝗虫等生物灾害等，这对农业的生产和发展造成了重大的影响。例如，2006年我国遭遇了21世纪以来最严重的自然灾害。“碧利斯”、“格美”、“桑美”接踵而至，浙江、福建等省份忙于应对强台风的袭击时，特大旱灾则持续“烤”验重庆、四川等众多省（市）；2011年，我国灾情呈现出灾害多发频发、南方损失较重等特点。各类自然灾害造成全国4.3亿人次受灾，1 126人死亡。

农业自然风险通常来源于两个方面的原因：一是由于自然灾害导致农业生产条件恶化，从而致使农产品产量或品质降低。由农业生产自然再生产的客观属性所决定，农业自然风险是农业生产的固有风险。尽管随着现代农业进程的推进，现代农业抵抗自然灾害风险的能力不断增强，但仍不能改变农业属于典型风险产业的属性。我们只能规避部分自然灾害风险和降低部分风险发生的频率与损失程度；二是自然灾害的发生导致农业专用性资产发生损毁或灭失。发展现代农业，就要用现代物质条件装备农业。发达国家发展现代农业的经验也表明，从传统农业向现代农业转变的重要标志之一就是农业物质投入占农业产出的比重不断上升。随着精准农业、设施农业和加工农业等现代农业的快速发展，农业形成大量的专用性资产。这些资产一旦出现损毁，不但会给农业生产经营者带来严重的财产损失，而且还会影响到现代农业再生产的顺利进行。自然风险也是农业最为典型和具有普遍意义的风险。

（二）市场风险

市场风险是指由于市场机制作用力致使农产品市场价格发生波动，进而导致农业生产经营者必须以低于预期的价格出售农产品的一种可能性。例如，2011 年发生的“菜贱伤农”现象屡见不鲜，土豆价格降速加快，内蒙古、甘肃、宁夏等地土豆的滞销成为很多农民的心头病，山东十月初的大蒜、生姜价格下滑，再到后来的白菜，菜农可谓伤痕累累。农产品的市场风险主要包括以下几种。

1. 国际市场的风险

在国际市场保护主义的影响下，我国每年都有一些农产品遭受国外的反倾销、农产品出口受阻事件时有发生，特别是近年来我国农产品遭受绿色贸易壁垒和技术壁垒，直接影响到我国农副产品的加工工业生产，给我国农业企业造成巨大的损失。

2. 国内市场风险

在市场经济体制下，随着国内外农产品市场的逐渐开放与融合，农产品市场需求的多变性、不易预测性与农产品供给的滞后性矛盾所产生的价格风险成为我国农业的主要风险之一。其主要原因在于农业市场基础不完善、供求信息闭塞、农产品难卖的问题突出，使得很多农业产业面临着市场风险，出现了增产不增收的局面，被农民称为“痛苦的丰收”。

3. 技术风险

农业技术风险是指农业技术运用的实际收益与预期收益发生背离的可能性。农业技术的运用在带来收益和效率的同时，也隐含着巨大的风险。在现代农业中，新技术的高难度、高投入、高产量和高效益也受自然和市场等因素的影响，从而引起农民收入的不确定性。这是因为：①农业生产技术的工艺过程保密性很差，特别是种植业技术具有经验型特征，比较容易模仿，新技术一旦投入使用，其他的模仿者便会很快跟进，由此而引起的产品供给大幅度的增加便会导致产品价格下降，使新技术的采用者难以获得预期的收益；②我国农民的文化水平普遍比较低，难以掌握农业技术的要领而造成技术运用的失败；③自然条件和地理环境的不适应而导致的农业技术运用失败。

4. 假农资（假农药、假化肥、假种子等）对农业生产所产生的危害

不少不法商人和企业，受市场经济利益的驱动，生产销售假冒的农资坑

害农民。假农资不仅起不了原有的生产效果，而且还加重了农业风险的危害程度，使农民陷入更加贫困的境地。

（三）资产风险

农业产业化经营的特点之一就是要素资本化，农业资本化极易形成农业专用性资产。在农业产业化经营组织中，“龙头”企业为了在市场竞争中居于优势地位便会对农业进行资本投入以完善生产条件、扩大生产经营规模、开发新的经营项目、采用先进的农业技术，由此形成较高的专用性资产。这是因为：①土地的地理位置固定。农业用地一旦界定，用途变动性小；②土地的使用方向不易更改。种粮的土地在一个生产周期内难以改种果树，一旦改种果树，必须进行持久的追加投资，若干年后才获得收益。这使农业对市场变化的反应迟钝，资产风险难以避免；③与此同时，为了适应农业产业化经营这一复杂组织形式对专业技术知识、组织管理能力的要求，农户必定会积极地通过各种形式的学习和培训，掌握专业技术知识，从而进行一定的人力资本投资并形成一定的专用性人力资本。

专用性资产一旦形成，就难以转向其他用途，即便进行再配置也会造成重大的损失，即产生资产风险。

（四）科技风险

对农业科技风险可以理解为：在农业领域的科技实践活动中，由于各种主观和客观方面的不确定性因素，因科学技术的发展与运用所带来的不利因素而导致农业生产的不确定性和农业生产经营各环节的无序性，而给人类生存带来可能的危害的风险。

农业科技风险产生的原因通常来源于两个方面：一是农业科技成果的适用性。现代农业建设的过程就是用现代农业科技改造农业的过程，而现代农业科技自身也有一个不断发展与提高的过程。一项新的农业科技成果既可能拓展传统农业的生产可能性边界，提高农产品品质，也可能会由于自身的局限性而导致农业生产经营者预期产量无法实现，或者是由于外界条件的不满足而为农业生产经营者带来一定的损失；二是农业科技成果的外部性。由于大多数农业科技成果具有公共物品属性，农业科技成果使用者不可能独占该项技术成果所产生的正外部性，由此当众多使用者共同享用某项农业科技成果时，可能会使该技术效应发生逆向转化。例如，一项可以提高农产品产量或品质的农业科技成果得以全面推广后，众多该成果采用者的农产品产量或品质均得到了大幅度提高，结果可能导致该农产品价格因供过于求而下降，且农产品又属于需求缺乏弹性商品，农民还可能会因此而减少收入。随着农业科技在现代农业生产经营中的广泛应用，农业科技风险将呈上升趋势。

（五）社会风险

社会风险又称行为风险，是指由于个人或团体的社会行为给农业生产经营者造成损失的一种可能性。农业社会风险产生的原因主要有：一是产业关联者行为。随着现代农业的推进，相对稳定的农业产业链将逐渐建立，且各参与主体相互作用力将逐渐增强，产业链中各参与主体的行为都将直接影响到农业生产经营者的农业风险程度。例如，农业生产资料经营者、农产品收购者等的不良信用和经营中的不良行为都可能造成农业生产者的损失；二是非产业关联者行为。非相关产业部门也可能给农业造成损失，例如，环境的污染导致农业生产环境或条件的恶化给农业生产经营者带来损失的可能性。

（六）政策风险

政策风险是指由于政府行为或其颁布的相关法律法规和政策变动等宏观经济环境的变化而使农业经营者遭受损失的一种可能性。主要包括：①国家政策的调整带来的风险，例如，利率、税收政策以及农产品的收购政策发生变化后给农户带来的风险；②地方政府因领导者的决策失误带来的政策偏差，以及用行政命令干预农业生产。例如，规定农民大面积种植棉花，结果由于市场供大于求，棉花价格下降，影响了农民收入；③少数地方政府单方面中断土地关系。各级政府特别是一些基层的乡镇政府有时出于种种动机，无偿或低价征用农民土地。2006 年在山东龙口市，强行大规模圈占、囤积耕地引发农民不满，许多被圈占的土地至今荒芜，大片房屋空闲至今。在黄城工业园（现改名为龙口高新技术产业园，坐落在该市的东江镇，规划面积 5 公顷，涉及韩家洞，吴家窑等 11 个村），有关部门在没有召开村民大会，在没有与村民达成协议的情况下，以 63 000元/公顷的所谓安置费及少许的地上附着物补偿将土地从农民手中强行夺走。土地是农民的命根子，也是农业的命根子，没有了土地，农民将无法生存，农业也无法发展。

（七）融资风险

从已有农业高新技术企业成长的实践来看，随着企业的诞生、成长和壮大，企业的资金需求越来越大。根据发达国家经验，农业高新技术的开发过程所需要的费用要比研究过程高 5 ~ 10 倍，产业化投入又比开发费用高 5 ~ 10 倍。这么大的资金需求，靠企业自身积累很难满足其快速发展对资金的需求，这就需要企业家随着企业的不断成长不停地融资。然而，融资难一直是我国广大小企业所面临的一个共同问题。因此，农业高新技术企业在其发展过程中还面临着较大的融资风险。

（八）管理风险

所谓的管理风险就是指由于管理者因管理不当而使农业企业遭受损失的可能性。农业企业的快速成长和发展壮大取决于许多因素，其中，最重要的因素就是企业要有一个组织得力、运转高效的管理团队。管理团队建设中任何方面的不足，对企业来说都潜藏着遭受损失的风险，主要包括：第一，人事管理风险。任何高新技术产品的创新都是技术专家、管理专家、财务专家、营销专家的有机结合。他们都是企业管理团队的关键组成人员，是企业快速成长和发展壮大的中坚力量，任何一方的离去都会对企业的正常运转造成不利的影响，有的甚至还会使企业一蹶不振；第二，组织结构风险。企业的成长过程既是企业规模不断扩大的过程，同时也是组织结构不断变革的过程。如果企业组织的变革不能与企业规模的变化相适应，那么企业正常的成长过程就会受到不利的影响；第三，生产管理风险。产品生产是企业运营过程中的一个重要环节，如果组织不当，则会影响企业的正常运营。这方面的风险主要来自于两个方面：一个是对产量的控制；另一个是对质量的监督。如果企业的生产不能使产品的产量与需求相适应，则不管是生产过剩还是产量不足，都会给企业造成损失（生产不足，就会使企业无法实现产品的最大市场价值；产量过剩，则会产生产品积压，使企业遭受损失）。质量是企业的生命，产品质量的好坏直接决定着企业能否继续生存。在企业的生产过程中，一旦出现产品质量问题，则不管是否已经销售出去，都会给企业造成一定程度的损失，严重的还会造成企业的破产或倒闭。

（九）环境污染风险

环境污染风险主要是指农业环境污染和农业生态破坏给农业生产与发展造成的巨大损失。

在广大农村地区，过量或不合理地使用农药、化肥，分散的家禽养殖以及生活垃圾的随意丢弃，特别是一些乡镇企业（小造纸厂、小印染厂、小电镀厂）的废水、废气、废渣，使得几乎所有的河流都难逃污染的厄运。由于水污染和水资源的短缺，很多地方农民只能无奈地选择污水进行农田灌溉。“长期的污水灌溉，不仅影响农作物的生长发育，使污灌区的作物出现减产趋势，而且使农产品的品质变差，污灌区种植的青瓜果味较差，不宜储存，薯类煮不烂，萝卜黑心有异味，稻米无光泽”。水污染特别是给渔业等水产养殖以致命的打击，一项调查显示，长江干流六成河水目前已遭污染，超过Ⅲ类水的断面已达38%，比8年前上升了20.5%。无独有偶，尽管淮河是中国投入最多、开展污染治理最早的大江大河，但如今仍是一条受污染最严重的河流。淮河在评价的2 000千米的河段中，78.7%的河段不符合饮用水标准，79.7%的河段不符合渔业用水标准，32%的河段不符合灌溉用水标准。10年前，淮河还生长着60多种鱼类资源，可如今这些鱼类几乎绝迹。

（十）违约风险

在农业现代化过程中，农业企业与农户之间的联系或紧密或松散，但都是合同契约关系，合同意味着签订双方的权利和义务关系。在健全的法制社会里，合同是受法律严格保护的。但是，在目前我国缺乏浓厚的法律氛围和公民法律意识普遍淡薄的情况下就会产生突出的委托人——代理人问题。许多地方的农民签订合同后，当市场价格高于合同价格时，往往不将农产品出售给农业企业，而是直接到市场上去出售，从而使签约的农业企业遭受损失。由于这种行为通常涉及面很大，加之农民是弱势群体，在“法不责众”的惯例下，法律监督往往难以奏效。而且这一行为也在农业企业身上时有发生，当市场价格低于合同价格时，农业企业也可能违约，不按既定的合同收购农民的农产品，而是到市场上去交易。而当企业不执行合约时，由于关系的作用和地方出于保护税源的目的，被惩罚的几率也相当小。这种合约中的“机会主义”行为严重地损害了农业产业化的运行效率，产生了很大的交易风险。

二、农业企业风险的规避

（一）发展高科技农业，调动各方积极因素

据统计，2010年在全国农业人口中，文盲和半文盲占30.1%，农业技术人员占农村人口的0.04%，农业科技对农业生产的贡献率仅占30%。由此可见，农业人口的素质还很低，农业科技人员还很缺乏。首先，政府应着力于构建科技创新机制，通过不断深化农业科研机构改革，改善广大农业科技工作者的待遇，大量培养农业科技人才，办好各类农业科研院校，合理配置科研院所，提高农业科研整体水平和创新能力等，为高科技农业的发展提供支撑；其次，应进一步进行农业新技术的研发以及成果的推广应用，要抓住农村产业结构的关键点，培育新产业的生长点，发展改造传统农业的新技术。在农业技术推广方面，应将已经物化的技术根据市场经济的原则去运作，而对于未经物化的还停留在知识或信息形态的技术，可以建立以农户为中心的由社会进行的农业技术推广应用机制，通过技术人员的服务进行推

广。对这些技术的研发与推广要集中力量重点突破，争取时效，强调效益，依靠科技的力量使农业发展步入良性循环的轨道。此外，还应不断健全资金投入机制，逐步形成以政府为主导的多元投资主体。

（二）发展农业的产业化、多元化经营

农业产业化是指农业的市场化、社会化、集约化，其基本内容是以市场为导向、以提高经济效益为中心，对当地农业的主导产品和主导产业，按照农工贸一体化的要求实行生产要素多层次、多形式、多样化的配置，并由此实现农业生产的市场化、社会化和集约化。农业产业化可以把分散的农户组织到主导产业系统中，形成农业的规模化经营，产出大批量和标准化的农产品，增强农产品在国内市场与国际市场的竞争能力。此外农业企业还应发展多元化的农业生产，因为农业受自然因素的影响较大，如果变单一的农业种养生产模式为多种经营，那么当一种产品出现损失时，可由其他产品来弥补。另外，随着农业商品化的提高，与农业有关的制造业、加工业、运输业和贸易也将随之发展起来。当农业经济发展到一定的程度，农业抵御风险的能力就会大大增强。

（三）加强农业的政策性保护，健全信息传播网络

首先，政府应进一步实行价格保护，价格保护是包括最低价格、缓冲储备、风险基金和补贴等一系列互相配套的措施在内的政策体系；其次，政府应该增加对农业的投入，兴修水利，植树造林，增强农业抵御自然风险的能力；再者，政府还应制定相应法规，规范农贸市场秩序，确立农业信息定期披露机制，建立各层农产品批发市场，降低农业的市场风险。此外，政府应以政策支持期货市场的发展，为农产品的交易提供一个相对安全的空间，利于农产品的保值、增值。

在农业企业信息化建设上，网站建设应该基于两个方面：一是为各种农产品提供最新的生产技术信息和知识的系统；二是覆盖国内、国际市场的各种农产品市场信息，特别是价格信息的系统。一个系统解决农民怎么利用信息的问题，另一个解决农民怎么卖产品的问题。这两个问题基本上覆盖了服务的重要方面。然而，目前，全国有17 000多个农业信息网站，真正能提供普遍服务的很少。

（四）加强农业气象的监测与预测预报工作

要坚持把气象资源作为基础性自然资源、战略性经济资源和公共性社会资源利用，不断完善服务内容，改进服务方式，提高服务质量。第一，积极

开展农业气象服务工作，总结经验，完善设施，提高水平。同时，在做好农作物重大病虫害气象监测预测实时服务，利用卫星遥感和相关技术开展旱情监测和预测预报等方面，也应该进一步提高设施和服务水平等；第二，积极开展人工影响天气工作。在干旱缺水地区，要积极开展飞机、火箭和高炮增雨作业，大力开发利用空中云水资源。同时，要进一步完善防雹作业布局，加强人工防雹工作。在遇到森林草原火灾等重大突发事件时，要充分利用有利的天气条件，开展人工影响天气应急作业。

（五）加强农业合作经济组织建设

在激烈的市场竞争中，农民为了降低生产成本，提高盈利水平，就需要通过合作制联合起来，借助外部交易规模的扩大，节约交易成本，提高在市场竞争中的地位，使产品按合理价格售价。同时，还可通过扩大经营规模，提高机械设备等的利用率，寻求规模效益。农业合作经济组织按照合作的领域可以分为生产合作、流通合作、信用合作和其他合作。2012 年中央一号文件，培育支持新型农业社会化服务组织，要求大力发展农民专业合作组织。各地要加快制定推动农民专业合作社发展的实施细则，要采取有利于农民专业合作组织发展的税收和金融政策，着力支持农民专业合作组织开展市场营销、信息服务、技术培训、农产品加工贮藏和农资采购经营。今后要制定和完善配套政策，将这些要求落到实处，提高千家万户的小生产者在千变万化的大市场中的竞争能力和经济效益。

（六）完善农产品市场营销体系

现代农产品市场营销体系，是沟通生产与消费的重要桥梁和纽带，是现代农业发展的重要支撑体系之一。加快完善农产品市场营销体系，需要加快建立起以现代物流、连锁配送、电子商务、期货市场等现代市场流通方式为先导，以批发市场为中心，以集贸市场、零售经营门店和超市为基础，布局合理、结构优化、功能齐备、制度完善、具有较高现代化水平的农产品现代流通体系。要加快农产品批发市场改造步伐，完善和拓展农产品批发市场的服务功能，建设新型农产品销售网络。继续推动农产品运销企业和物流配送企业向专业化、规模化方向发展，积极发展农产品连锁经营，加快发展农产品电子商务和农产品期货市场。同时，还要加强农产品的营销促销服务，加大对农产品营销促销服务的支持力度。

（七）培植适度规模的农业企业

农业产业化发展的着重点和突破口在发展农业企业上，克服农业产业化探索的风险主要也在农业企业上。必须集中一切力量扶持一批农业企业，增强其竞争能力，使其成为抵御农业市场风险的骨干力量。首先，要科学确立农业企业的标准，培植适度规模的农业企业。农业企业的标准不能过低，以作坊代企业，低档繁多，政府难以支持，更难以形成适应市场竞争的规模。根据现实情况，我们也不能超越实际把农业企业在短时间里做大，只能在组织得力的情况下抓住股份合作、行业联合、引进外资、自发集聚等机遇，建立扶持适度规模的农业企业。无论何种类型、何种所有制的农业企业，只要有市场、有效益、能够带领农民进入市场，并与农民有比较稳定的利益联结机制，就要鼓励其发展，就要一视同仁地给予扶持。其次，因地制宜，以品牌实力、品种优势、服务质量、开拓市场等手段强化竞争能力。就品牌建设而言，一定要重视农业标准化建设，要按照安全、优质、环保、高效的要求，加快农产品质量标准体系和农产品质量安全监测体系建设。质量技术监督部门和农业、林业、水产、畜牧等有关部门要参照国内、国际质量标准，结合地区实施名牌农产品战略实际，抓紧制定本企业农产品质量标准和管理标准，并在标准化建设的基础上，大力增强企业的品牌意识、商标意识，创造一批在国内外有影响的农产品著名品牌。

（八）探索建立新的农业技术支持体系

产业化农业的各个环节都离不开技术的支持，其中包括生物技术、工程技术、信息技术和管理技术等，其中信息技术与生物技术是农业技术支持体系的关键要素。信息技术使人们准确地获取、处理、分析、存储和传输农业信息成为可能。现代农业生物技术主要包括基因工程、细胞工程、酶工程和发酵工程，利用这些技术可以根据各自不同的自然经济条件，选择种苗，确定不同的品种投放、品种质量的标准，选择适宜农业可持续发展的生物肥料、生物农药等，使传统农业逐渐向高标准、高技术农业推进。此外，建立产业化农业的技术支持体系的重要环节是做好农业技术的培训工作，培养出一批高素质的农民，对于加速高科技含量的技术推广与技术管理将发挥重要的无法替代的作用。

（九）增强法律意识，强化合同约束力

农业企业与农户必须在自愿、平等、互利的前提下签订具有法律效力的合同，合同应明确规定各方享受的权利和应承担的义务，而且要切实履行。农业产业化这种既非市场又非企业的制度安排使农业企业与农户通过合同契约联结起来，一旦合同得不到履行，农业产业化也就无从谈起。因而，要维护合同的严肃性，提高签约双方的法律意识，确保合同的切实履行，就要加

强对参与主体尤其是农户的法律宣传教育。乡镇政府、专业合作社或协会应充分重视对农户进行必要的法律知识培训，提高其法律意识，帮助其树立法制观念，促使其履行合约，并运用法律武器维护自己的合法权益不受侵害。对农业企业，应该综合运用法律的经济的手段去约束。只有农户和农业企业守约、守信用，农业产业化才能健康发展。

（十）未雨绸缪，建立合理的农业风险保障机制

我国自20世纪80年代恢复办理农业保险业务，但这个险种长期处于亏损不景气状态。2002年，中国农业保险收入为4.8亿元，占保险业收入的0.16%，全国2.3亿农民，户均不足2元，农业保险险种也从最多时的60种下降到30种。出现这种局面的主要原因是我国自然灾害造成的亏损。另一个原因是政府对农业保险支持的力度不够。经过近几年的发展，目前，我国农业保险业务规模已超过日本，仅次于美国，跃居世界第二。数据显示，2007年以来，我国农业保险5年累计保费收入超过600亿元。2011年，我国农业保险保费收入达到173.8亿元，同比增长28.1%，为农业提供风险保障6 523亿元。

即便如此，我国农业保险的当务之急仍需重视相关的立法工作，加快农业保险经营体制的改革，加大农业保险的宣传力度。既要充分发挥政府对重大农业自然灾害的调控力度，也要广泛推行农业互助的保险模式，正确处理好农户、公司、协会以及政府的利益分配关系，确定各方承担风险的责任和比例，做到无灾投保、受灾赔付，逐步化解和弱化农业产业化的经营风险。

案例分析

三鹿集团败于管理失控

2008年12月25日，河北省石家庄市政府举行新闻发布会，通报三鹿集团股份有限公司破产案处理情况。三鹿牌婴幼儿配方奶粉重大食品安全事故发生后，三鹿集团于2008年9月12日全面停产。截至2008年10月31日财务审计和资产评估，三鹿集团资产总额为15.61亿元，总负债17.62亿元，净资产-2.01亿元，12月19日三鹿集团又借款9.02亿元付给全国奶协，用于支付患病婴幼儿的治疗和赔偿费用。目前，三鹿集团净资产为-11.03亿元（不包括2008年10月31日后企业新发生的各种费用），已经严重到资不抵债。

至此，经中国品牌资产评价中心评定，价值高达149.07亿元的三鹿品牌资产灰飞烟灭。

反思三鹿毒奶粉事件，我们不难发现，造成三鹿悲剧的三聚氰胺只是个导火索，而事件背后的运营风险管理失控才是真正的罪魁祸首。

醉心于规模扩张，高层管理人员风险意识淡薄

对于乳业而言，要实现产能的扩张，就要实现奶源的控制。为了不丧失奶源的控制，三鹿在有些时候接受了质量低下的原奶。据了解，三鹿集团在石家庄收奶时对原奶要求比其他企业低。

对于奶源质量的要求，乳制品行业一般认为巴氏奶和酸奶对奶源质量要求较高，UHT 奶次之，奶粉对奶源质量要求较低，冰激淋等产品更次之。因此，三鹿集团祸起奶粉，也就不足为奇。

另外，三鹿集团大打价格战以提高销售额，以挤压没有话语权的产业链前端环节利润。尽管三鹿的销售额从 2005 年的 74.53 亿元激增到 2007 年的 103 亿元，但是三鹿从未将公司与上游环节进行有效的利益捆绑，因此，上游企业要想保住利润，就必然会牺牲奶源质量。

河北省一位退休高层领导如此评价田文华："随着企业的快速扩张，田文华头脑开始发热，出事就出在管理上。"

企业快速增长，管理存在巨大风险

作为与人们生活饮食息息相关的乳制品企业，本应加强奶源建设，充分保证原奶质量，然而在实际执行中，三鹿仍将大部分资源聚焦到了保证原奶供应上。

三鹿集团"奶牛 + 农户"饲养管理模式在执行中存在重大风险。乳业在原奶及原料的采购上主要有四种模式，分别是牧场模式（集中饲养百头以上奶牛统一采奶运送）、奶牛养殖小区模式（由小区业主提供场地，奶农在小区内各自喂养自己的奶牛，由小区统一采奶配送）、挤奶厅模式（由奶农各自散养奶牛，到挤奶厅统一采奶运送）、交叉模式（是前面 3 种方式交叉）。三鹿的散户奶源比例占到一半，且形式多样，要实现对数百个奶站在原奶生产、收购、运输环节实时监控已是不可能的任务，只能依靠最后一关的严格检查，加强对蛋白质等指标的检测，但如此一来，反而滋生了层出不穷的作弊手段。

但是三鹿集团的反舞弊监管不力。企业负责奶源收购的工作人员往往被奶站"搞"定了，这样就形成了行业"潜规则"。不合格的奶制品就在商业腐败中流向市场。

另外，三鹿集团对贴牌生产的合作企业监控不严，产品质量风险巨大。贴牌生产，能迅速带来规模的扩张，可也给三鹿产品质量控制带来了风险。至少在个别贴牌企业的管理上，三鹿的管理并不严格。

危机处理不当导致风险失控

2007 年年底，三鹿已经先后接到农村偏远地区反映，称食用三鹿婴幼儿奶粉后，婴儿出现尿液中有颗粒现象。到 2008 年 6 月中旬，又收到婴幼儿患肾结石去医院治疗的信息。于是三鹿于 7 月 24 日将 16 个样品委托河北出入境检验检疫技术中心进行检测，并在 8 月 1 日得到了令人胆寒的结果。

与此同时，三鹿并没有对奶粉问题进行公开，而其原奶事业部、销售部、传媒部各自分工，试图通过奶源检查、产品调换、加大品牌广告投放和宣传软文，将“三鹿”、“肾结石”的关联封杀于无形。

2008 年 7 月 29 日，三鹿集团向各地代理商发送了《婴幼儿尿结晶和肾结石问题的解释》，要求各终端以天气过热、饮水过多、脂肪摄取过多、蛋白质过量等理由安抚消费者。

而对于经销商，三鹿集团也同样采取了糊弄的手法，对经销商隐瞒事实造成不可挽回的局面。从 2008 年 7 月 10 日到 8 月底的几轮回收过程中，三鹿集团从未向经销商公开产品质量问题，而是以更换包装和新标识进行促销为理由，导致经销商响应者寥寥。正是召回的迟缓与隐瞒真相耽搁了大量时间。大规模调货引起了部分经销商对产品质量的极大怀疑，可销售代表拍着胸脯说，质量绝对没有问题。

而三鹿集团的外资股东新西兰恒天然在 2008 年 8 月 2 日得知情况后，要求三鹿在最短时间内召回市场上销售的受污染奶粉，并立即向中国政府有关部门报告。三鹿以秘密方式缓慢从市场上换货引起了恒天然的极大不满。恒天然将此事上报新西兰总理海伦·克拉克，克拉克于 9 月 8 日绕过河北省政府直接将消息通知中国中央政府。

另外，三鹿集团缺乏足够的协调应对危机的能力。在危机发生后，面对外界的质疑和媒体的一再质问，仍不将真实情况公布，引发了媒体的继续深挖曝光和曝光后消费者对其不可恢复的消费信心。

第八章

农业企业如何进行效益评价

一、什么叫农业企业的经营效益

农业企业的经营效益是指农业企业投入（包括物化劳动与活劳动）与获得的劳动成果之间的比较。通常，这种比较有两种形式。

绝对的比较，通常称为经济效益，其表达式为：

经济效益 = 产出 - 投入

或

经济效益 = 劳动成果 - 劳动消耗

相对的比较，通常称为经济效果，其表达式为：

经济效果 = 产出（劳动成果）/投入（劳动消耗）

（一）经济效益

经济效益，是指资金占用、成本支出与有用生产成果之间的比较。所谓经济效益好，就是资金占用少，成本支出少，有用成果多。

（二）经济效果

经济效果是指生产过程中产出量与投入量的比值，它反映的是生产过程中劳动耗费转化为劳动成果的程度，转化程度越高，经济效果越好。

二、农业企业经营效益评价包括哪些内容

实践中，农业企业生产经营效益除了用上述经济效益和经济效果来反映以外，还通常用一些评价指标来反映。

（一）劳动生产率

所谓劳动生产率，是指劳动者创造的劳动成果与其相适应的劳动消耗量的比值。劳动生产率水平可以用同一劳动在单位时间内生产某种产品的数量来表示，也可以用生产单位产品所耗费的劳动时间来表示，其计算公式为：

劳动生产率（%）=（产品产量/劳动时间）×100

或

劳动生产率（%）=（劳动时间/产品产量）×100

单位时间内生产的产品数量越多，劳动生产率就越高；生产单位产品所需要的劳动时间越少，劳动生产率就越高。

（二）资金周转能力

一般而言，通过分析资金周转能力，可以了解企业的经营状况，评价企业的经营管理水平。常用的指标有以下几种。

1. 存货周转率

所谓存货周转率，是指企业在一定时期内销货成本与平均存货成本的比率。计算公式为：

存货周转率（%）=（销货成本/平均存货）×100

其中：平均存货=（期初存货+期末存货）÷2

存货周转率是衡量企业销售能力强弱和存货是否过量的指标，反映了企业的销售效率和存货使用效率。通常情况下，存货周转率越高，说明存货周转越快，营运资金用于存货的金额也越少，利润率就越大。存货周转率越低，常常是存货管理不善，存货积压，资金沉淀，销售状况不好，经营情况欠佳的结果。

2. 应收账款周转率

所谓应收账款周转率，是指企业赊销收入净额与平均应收账款余额的比率，用于衡量企业应收账款周转快慢。计算公式为：

应收账款周转率（%）=（赊销收入净额/平均应收账款余额）×100

其中：赊销收入净额=销售收入-现销收入-销售退回、折让、折扣金额

平均应收账款余额=（期初应收账款余额+期末应收账款余款）÷2

这一比例高，说明企业催收账款的速度快，坏账损失越少；比例越低，催收账款效率越低，影响资金正常周转。

3. 流动资金周转率

所谓流动资金周转率，是指企业销售收入与流动资产平均总额之比，表明流动资产周转的次数。计算公式为：

流动资金周转率=销售收入/流动资产平均数额

其中：流动资产平均数额=（期初流动资产+期末流动资产）÷2

流动资产周转率是反映企业全部流动资产利用效率的综合性指标，这个指标越高，说明流动资产周转的速度越快。

4. 固定资产周转率

所谓固定资产周转率，是指企业销售收入与固定资产净值之比，表明固定资产的周转次数，计算公式如下：

固定资产周转率 = 销售收入/固定资产净值

固定资产周转率主要反映固定资产的利用效率，这个指标越高，说明固定资产的利用率越高。

5. 总资产周转率

所谓总资产周转率，是指企业销售收入与资产总额之比，表明总资产的周转次数。计算公式为：

总资产周转率 = 销售收入/资产总额

总资产周转率主要用来分析企业全部资产的利用效率。这个指标越高，说明资产的利用效率越好；如果指标较低，说明企业利用其资产进行经营的效率较差，会影响到企业的获利能力。

（三）企业偿债能力

1. 流动比率

流动比率，通常称短期偿债能力比率，是企业的流动资产与流动负债的比率。用于衡量企业在某一时点偿付即将到期债务的能力。计算公式为：

流动比率（%）=（流动资产/流动负债）×100

流动比率高，说明企业短期偿债能力强，但流动比率不是越高越好，因为当滞留的流动资金过多时，也可以使流动比率提高。通常而言，流动比率保持在 200% 比较合适。

2. 速动比率

所谓速动比率，是指企业的速动资产与流动负债的比率，用于衡量企业在某一时点上运用随时可变现的资产偿付到期债务的能力。速动比率是对流动比率的补充。计算公式为：

速动比率（%）=（速动资产/流动负债）×100

速动资产 = 流动资产 - 存货

通常，速动比率为 100% 左右比较合适。

3. 资产负债率

所谓资产负债率，是指企业负债总额与资产总额的比率。这一指标用于衡量企业负债水平的高低，计算公式为：

资产负债率（%）=（负债总额/资产总额）×100

资产负债率一方面是衡量企业利用债权人提供资金进行经营活动的能力；另一方面也是反映债权人发放贷款的安全程度的指标。该指标越低，说明企业偿还债务的能力越强；反之，则偿债能力就越差。如果资产负债率超过100%，则说明企业资不抵债，可能会出现破产。

通常情况下，大多数企业经营的过程中难免会短缺一定量的资金，在这种情况下，经营者往往通过举债的方式来达到持续或扩大经营的目的。对于企业经营者来说，是否借债经营，主要要对比借款利息率和资产负债率两个指标，如果借债支付的利息率低于资产报酬率，就可以通过借债来缓解自身资金短缺的问题，从而达到获得投资收益的目的。反之，如果利息率高于资产负债率，则借债就会存在经营风险。

那么，是不是企业的资产负债率越小越好呢？答案是否定的。因为资产负债率也能够反映一个企业经营者的创新精神。如果企业不利用举债经营或负债比率很小，说明企业比较保守，对企业前途信心不足；相反，如果负债率较高，一定程度上说明企业经营者勇于进取，对前途充满信心。当然，负债也不能过高，如果负债率过高，则企业的经营风险就会加大。因此说，企业的资产负债率应该掌握在一个适当的水平。

4. 所有者权益比率

所谓所有者权益比率，是股东权益（所有者权益）与资产总额的比率。计算公式为：

所有者权益比率（%）＝（股东权益/资产总额）×100

所有者权益是指企业资产总额减去负债总额后所得的余额，具体包括股金实收资本、法定公积金、待分配利润等。所有者权益比率越大，企业的长期偿债能力就越大，财务风险也越小。不难发现，企业的资产负债率与所有者权益比率之和应该为1。因此，实际上资产负债率和所有者权益率是从不同侧面来反映企业长期财务状况以及偿债能力的。

（四）企业获利能力

企业获利能力的大小，直接关系到所有者、经营者以及劳动者的自身利益，因此，是一个普遍关心的方面。企业的获利能力一般通过以下指标来反映。

1. 总资产报酬率

所谓总资产报酬率，是指企业一定时期内的税后净利润与资产总额的比率。用来衡量企业运用全部资产获利的能力。计算公式为：

总资产报酬率（%）＝（净利润/资产总额）×100

通常，一个企业的资产报酬率越高，说明获利能力越强，因此，这一指标越高越好。

2. 所有者权益报酬率

所有者权益报酬率，也称资本收益率、净资产报酬率。对于股份制企业成为股权收益率，是企业在一定时期内的净利润与所有者权益的比率。计算公式为：

所有者权益报酬率（%）＝（净利润/所有者权益）×100

该指标反映所有者投资获得报酬的程度，比值越大越好。

3. 资本保值增值率

资本保值增值率，是指所有者权益期末总额与期初总额的比率。反映投资者投入企业的资本的完好率以及增长能力。计算公式为：

资本保值增值率（%）＝（期末所有者权益总额/期初所有者权益总额）×100

如果这一指标大于1，表示资本增值，企业所有者权益增加；如果小于1，表示所有者权益减少。

4. 销售利税率

所谓销售利税率，是指企业税前利润总额与销售净收入之间的比值。用于衡量企业销售收入的获利能力。计算公式为：

销售利税率（%）＝（税前利润/销售净收入）×100

式中的销售净收入是指销售收入扣除销售折让、销售折扣以及销售退回之后的销售净额。

销售利税率是反映企业获利能力的一项重要指标，直观地显示出了销售收入中利税所占的比重。

5. 销售利润率

销售利润率，也称净利润率，是税后利润与销售净收入之间的比值。反映了净利润占销售净收入之间的比重。计算公式为：

净利润（%）＝（税后利润/销售净收入）×100

净利润越高，说明企业的获利能力越强。

6. 成本费用利润率

成本费用利润率，是指企业利润总额与成本费用总额的比率。计算公式为：

成本费用利润率（%）＝（利润总额/成本费用总额）×100

成本费用利润率是反映企业利润与成本费用关系的指标。实际上，它反映的是单位成本费用所产生的利润数额。比率越高，说明企业为利润而付出的代价越小，企业的获利能力越强。这一指标不仅能够评价企业的获利能力，而且可以评价企业对成本费用的控制能力和经营管理水平。

（五）贡献能力

贡献能力是指企业对国家、社会的贡献能力。企业贡献能力也是衡量企业经营好坏的标准之一。主要有以下两个指标。

1. 社会贡献率

社会贡献率，是指企业对社会贡献总额与平均资产总额的比值。用来衡量企业动用全部资产为社会创造价值的能力。计算公式为：

社会贡献率（%）＝（企业社会贡献总额/平均资产总额）×100

这里的社会贡献率总额，指企业为社会创造或支付的价值总额，包括工资（含奖金、津贴等工资性收入）、劳保退休金、其他社会福利、利息支出、应交产品销售税金及附加、应交所得税、其他税收、净利润等。

2. 社会积累率

社会积累率，是指企业社会贡献总额中，向国家所纳税收所占的份额。计算公式为：

社会积累率（%）＝（上交国家税金/企业社会贡献总额）×100

社会贡献率及社会积累率越高，企业对社会、国家的贡献越大，说明效益较好。

三、农业企业经营效益评价方法

要想了解和评价农业企业经营效益的好坏，一般需要采用一定的分析方法。通常使用的方法有以下几大类。

（一）对比分析法

所谓对比分析，就是两个或两个以上相互联系的经济指标进行比较分析，揭示其差异性，进而判断经营效益的好坏。通常可以进行以下对比分析。

1. 实际与计划对比

即期末实际完成的指标与期初的计划指标相比较，如果实际完成指标大于或等于计划指标，说明经营效益较好。相反，实际指标小于计划指标，则说明没有完成预定任务，经营效益不理想。

2. 纵向对比

即不同时期的经营指标进行对比，如本月与上月的比较，本年度与上一年度的比较，或不同年份的同一月份的比较。通过对比相关指标，评价经营状况的好坏。如果本期指标大于前期指标则说明经营状况好，反之，如果本期指标小于前期指标，则说明经营效益不理想，应该分析其原因，并在接下来的经营中进行相应调整。

3. 横向对比

即用本企业某一期的经营指标与同行业的一些相近企业进行对比，通过分析结果，评价经营状况。

4. 生产要素不同利用模式对比

即生产要素采用不同的利用模式产生的不同效益对比，进而比较不同模式带来的效益。例如，土地种植可以选择不同的作物，可以采用不同的耕作制度（如疏植、密植，或免耕还是深耕等），不同模式带来的效益多大，哪个更好一些，进而根据分析结果评价经营效益的好坏。通过评价也为改善经营模式提供借鉴。

（二）动态数列分析法

所谓动态数列分析法，就是采用动态数列对经营活动的发展变化状况进行分析，以反映企业经济发展水平和发展速度。可以采用的具体分析方法如下。

1. 增长量

指报告期（或考评期）与基期（或对比期）水平的差额，是一定时期内增长的绝对值。计算公式为：

增长量 = 报告期数额 - 基期数额

2. 发展速度

指报告期（或考评期）与基期（或对比期）水平之比。计算公式为：

发展速度 = 报告期数额/基期数额

3. 增长速度

指增长量与基期水平之比，用来反映某一时期一种经济之比增长的程度。计算公式为：

增长速度（%）=（报告期数额/基期数额）×100

4. 平均发展速度

指各期发展速度的平均数。计算公式为：

$$平均发展速度 = \sqrt[n]{报告期数额/基期数额}$$

5. 平均增长速度

是平均发展速度减去 1 后所得的结果。

（三）因素分析法

所谓因素分析法，是指两个或两个以上因素对某一指标影响程度的一种分析方法。实践中，一般先假定某一因素可变，其他因素不变的前提下，逐个地替换因素，并加以计算。其基本步骤如下。

（1）确定影响分析对象变化的组成因素，并按各因素的依存关系排列先后顺序。一般是先实物指标后价值指标。例如，对于蔬菜生产企业来说，影响蔬菜销售收入的主要因素有种植面积、单位面积产量及蔬菜价格等，这样，在实际分析中，先按种植面积、蔬菜单位面积产量、蔬菜价格的顺序进行排列。

（2）将各因素的计划数值，依次用实际数值替代，求得各因素变动所得的结果。

（3）求出替代前后的差额，计算出实际因素指标对分析对象产生的影响程度。

（4）计算出各因素的影响数值之和，并具体说明影响分析对象的主次因素。假设指标 Y 的组合因素为 a、b、c，其关系式为 $Y = a \times b \times c$，Y_0 为期初（或对比）指标，Y_n 为实际指标。

例如，某蔬菜（以马铃薯为例）生产经营企业土豆销售收入为 Y，受种植土豆面积 a、单位面积产量 b 和马铃薯价格 c 3 个因素的影响，其变动情况见下表所示。

表　某蔬菜（马铃薯）生产企业销售收入变动因素分析

（单位：千克、元）

项目	替换因素	影响因素			Y 销售收入	销售收入差数	差异原因
		a 亩数	b 单产	c 单价			
期　初		100 (a_0)	1 350 (b_0)	1.0 (c_0)	135 000 (Y_0)		
第一次替换	a_1	80 (a_1)	1 350 (b_0)	1.0 (c_0)	108 000 (Y_1)	−27 000	面积减少
第二次替换	b_1	80 (a_1)	1 500 (b_1)	1.0 (c_0)	120 000 (Y_2)	+12 000	单产增加
第三次替换	c_1	80 (a_1)	1 500 (b_1)	1.3 (c_1)	156 000 (Y_3)	+36 000	单价提高
实际与期初比较		−20	+150	+0.3		+21 000	

从上面的分析可以看出，虽然种植马铃薯的面积减少了 20 亩，但随着单产的提高，尤其是价格的提高，销售收入不但没有下降，反而增加了。这说明，价格在 3 个因素中所起的作用是非常大的，应该成为主要因素，其次是单产。

（四）综合分析法

综合分析法又称为综合评分法，是对企业经营活动的多项指标进行综合的数量化的一种方法，一般使用综合评价法。其综合表达式为：

$$分析对象的综合分数 = W_1P_1j + W_2P_2j + \cdots + W_nP_nj = \sum_{i=1}^{n} W_iP_ij$$

式中：P_ij 为 j 分析对象的第 i 个分析项目的评分；W_i 为第 i 个分析项目的权重。

综合评分法的具体步骤为：①选定分析对象的评价项目；②确定各个项目的权重；③确定各个项目的评分标准；④计算总分，比较优劣。

下面以杜邦分析法为例，介绍其分析方法。

杜邦分析法是美国杜邦公司最先采用的一种综合分析方法，它认为企业的经营活动是一个系统，内部各种因素相互依存、相互作用，各种指标比率之间有着一定的内在的关系。因此，可以利用几种主要的比率之间的关系来综合的分析企业的经营状况。分析时采用的系统图称为杜邦图或杜邦系统（下图）。

杜邦系统图直观、明了地反映出企业主要比率之间的相互关系。对农业企业经营活动及经营效益分析具有参考价值。

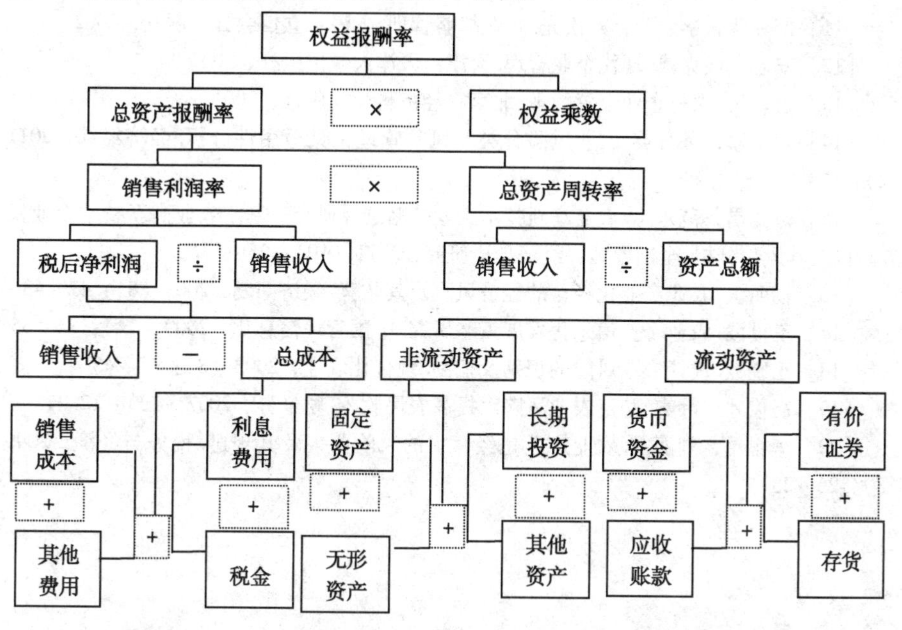

图　杜邦系统图

参考文献

[1] 蔡根女. 农业企业经营管理学（第二版）. 北京：高等教育出版社，2009

[2] 王钊. 农业企业经营管理学（第二版）. 北京：中国农业出版社，2011

[3] 杨明远. 农业企业经营管理学. 北京：中国农业出版社，1997

[4] 杨勇. 农村企业经营管理. 北京：中国农业出版社 2000

[5] 姜克芬，郑风田. 中国农业企业经营管理学教程. 北京：中国人民大学出版社，1998

[6] 王静刚，顾海英. 现代农业企业管理学. 上海：上海交通大学出版社，2003

[7] Robert A. luening 编著，李胜利，孙文志主译. 奶牛场经营与管理. 北京：中国农业大学出版社，2009

[8] 蒋立亮. 农业企业经营与管理. 北京：中国社会出版社，2006

[9] 苏锡田. 农产品的质量管理. 北京：科学技术文献出版社，1980

[10] 简鸿飞. 现代企业经营管理学. 广州：华南理工大学出版社，1997

[11] 邵一明，蔡启明，刘松先. 企业战略管理. 上海：立信会计出版社，2002

[12] 安忠，钱克威. 现代企业管理. 天津：天津大学出版社，2002

[13] 袁若飞. 农村企业经营管理. 北京：经济科学出版社，2001

[14] 曾玉珍，穆月英. 农业风险分类及风险管理工具适用性分析. 经济经纬，2011（2）：128 ~ 132

[15] 范龙昌，范永忠. 农业高新技术企业战略选择研究—基于农业高新技术企业发展阶段及其风险分析. 全国商情：经济理论研究，2011（10）：25 ~ 27

[16] 杨明洪. 农业产业化经营的经济风险及其防范. 经济问题，2001（8）：42 ~ 43

[17] 王世波. 农业企业信息化发展策略研究. 中国管理信息化，2009（24）：84 ~ 85

[18] 王晓燕. 浅谈农业风险的识别及控制. 现代化农业，2003（8）：43 ~ 45

[19] 高俊才，韩巍. 防范农业风险　提高农民收入. 财经界，2007（12）：12 ~ 15

[20] 李银星，刘丽霞. 农业产业化经营中的风险要素及其规避. 税务与经济，2006（3）：26 ~ 28